Jon Christoph Berndt®

Markentrichter

Markendreieck

Marken-Ei

...elbst!

Die Sch...

U0018827

我 ✔

就是品牌

是 Ⓐ 就別假裝是 Ⓑ，創造你的獨特賣點，做最棒的自己

德國最受歡迎的品牌專家，提供10個形塑個人品牌的最強策略
教你找到自己的定位，打造專屬「品牌力」！

——著——

永・克利斯托夫・班特

——譯——

侯淑玲、唐際明

前言

美國作家莫里斯・桑達克[1]（Maurice Sendak）創作的《生命不只是這樣》（Higglety Pigglety Pop! Or: There Must Be More to Life）的童書，雖說是童書，其實也適合各個年齡層閱讀。書中的主角珍妮，是一隻備受保護、寵愛，擁有一切的狗。就是因為這樣，珍妮反而離開了家，出發去尋找「更多」。「我希望可以找到自己沒有的東西。生命中應該有比『擁有一切』還要多的東西！」[2] 然後她踏上尋找之途……

親愛的讀者：請找出「生命」、「更多」和「一切」對你來說，意味著什麼：留下來比較好，還是離開的時間已經到了。利用個人品牌術，你可以找出「留下來」的意義，而「離開」又會有怎樣的意義。你將會有這樣的體驗：以強大的品牌形象為基礎，將能事半功倍，得到更多真正豐富生命的東西。

我堅信你在探尋自己真正的本質是什麼，以及真正想全力以赴的是什麼事情的過程中，將會得到許多的樂趣。祝你建立品牌愉快！

2014年，我重新修訂了這本書，新增了一個章節《社群網絡裡的個人品牌術》。即使在網路世界裡，你也可以做一些事情，使自己獨具風格，讓人們更能感受到你強大的個人品牌。

永・克利斯托夫・班特®
2014年春天於慕尼黑

1 譯註：莫里斯·桑達克（1928～2012）：著名的兒童文學圖畫書作家及插畫家。最著名的作品為1963年出版的《野獸國》（Where the Wild Things Are）。《生命不只是這樣》是桑達克為哀悼多年愛犬的死亡，而以其為主角的一本小書。

2 莫里斯·桑達克：《生命不只是這樣》（Higgelti Piggelti Pop! Es muss im Leben mehr als alles geben）。蘇黎世：第歐根尼出版社（Diogenes），2009年。

我的保證

你應該不會買一個第一眼看不出「產品保證」，也不知道成效如何的商品吧？你應該也不會花19.95歐元（編注：原書定價），還浪費自己寶貴的時間閱讀這本書吧？如果本書一開始的二十頁沒有辦法吸引住你，你應該會馬上把它束之高閣吧！

你的時間有限，因此我必須努力贏得你的喜愛。如果你坐在書桌前閱讀本書《我＿＿＿，就是品牌》，或是把它當成你的床頭書，甚至度假時和坐火車時也翻閱它，而且還讀到最後一章——「最後」也同時是你的「開始」，那麼我就成功了。

接著請花大約八個星期的時間發展你的品牌，發展過快，極可能反而讓品牌缺乏一定的實質內容與力量。還有，不要讓整個過程拖超過六個月，否則你的品牌很快就會失去獨特性和專一性。

只要在這裡投資了足夠的時間，你就會是一個品牌：

- 你清楚知道自己是誰，是個怎麼樣的人，要致力於什麼。
- 你知道自己真正想要的是什麼。
- 你清楚知道自己的目標，可以評估將時間、心血和力氣投資在哪裡是最好的。
- 擁有做任何事情的基礎。
- 也擁有不做什麼事情的基礎——你確信不需要去做其他人在做的事情。

- 你會更知足。
- 你更容易感受到「幸福」。（「幸福」是一個多麼崇高的名詞啊！）

■ 衡量標準：貢獻度

　　如果上述一切都在你的生活中實現了，你也就擁有一個「功效」了嗎？在人和個人品牌方面，我不想用「功效」這樣的字眼，你一定也不會想要，因為這聽起來太理性、太商業、讓人感覺不舒服、幾乎不符合人性。一個強力的個人品牌應該是以柔性、情感性取勝。因此，還是讓我們來談談你的「貢獻」吧——你對社會的貢獻賦予你這個人的重要性；也談談是什麼讓其他人對你產生興趣，為什麼他們喜歡與你密切來往？具有「貢獻」、讓人感興趣的你，也就具備了一個「保證」：

- 你的存在豐富了他人的生命。
- 人們可以感覺到你鮮明的個性和態度。
- 人們清楚注意到你。
- 你令他人著迷。
- 你獲得報酬豐厚的工作和任務。
- 你是個受歡迎的點子王，別人需要評論或意見的時候就會找你。

● 每當有人要做出決定時，都會將你列入考慮。

永 · 克利斯托夫 · 班特® 的兩個產品保證

歡迎驗證：

1. 本書帶你走向目標：如果你在接下來的兩個月裡，每星期三次投注精神和時間在這本書上，且不光是閱讀，還做很多的筆記，你的品牌就形成了。

2. 擁有品牌，就擁有做事能夠事半功倍的基礎。你掌握了捨棄的技巧，你知道自己在做什麼，也知道為什麼做這件事：這使你成為一個擁有鮮明形象的最強品牌。

個人品牌定義

　　個人品牌術（Human Branding，意思是：把個人打造成一個品牌），以商品的現代品牌設計與市場行銷中得到肯定、卓越成效的模型與方法為基礎。個人品牌術的開發，目的是使人和其他人有所區別，散發獨特性，一如在為數眾多的製造商和商品當中，每個人都會有自己最喜歡的品牌一樣。

　　人的品牌特質說明了他是誰，是個什麼樣的人，本質為何，真正的原動力是什麼。以品牌特質作為基礎，將可以事半功倍——變得更受人喜愛、更成功、更滿足。這就是個人品牌術成功的地方。

目錄

1 品牌與人

② 品牌塑造計畫

目錄

3 個人品牌成功策略

目錄

導論

何謂個人品牌？

　　星期六早上，你睡得很飽，吃了一頓美味豐盛的早餐，然後去麵包店、肉舖、將衣物送洗，此外也去了修鞋店、水果攤，或許還去提款和買樂透……。一切都自然而然地進行，好像受到遙控一樣。這是一個你連睡著時都能完成的日常情況。在一般情況下，你根本不會浪費一丁點心思在這上面。潛意識操縱你走那行走過無數次的路，前往目的地，在那裡買你總是會買的東西。純屬習慣。

　　不過，為什麼你總是會在同一個地方買東西，而且總是買一樣的東西呢？為什麼你總是會開車去同一家建築材料商場，儘管它的旁邊還有其他三家建築材料商場？原因真的只是因為這家店離你最近嗎？因為糾纏不休的廣告已經深深烙印在你的腦海裡？還是有一個完全不一樣的東西，一個更吸引人的東西，一再吸引你前往最喜歡的建築材料商場？

　　為什麼你在超市裡總是買你最喜歡的巧克力？到底為什麼你會有最喜歡的巧克力？畢竟在收銀台前的架子上有很多品牌的巧克力，以及更多口味的巧克力，在等候結帳的隊伍裡，你其實有很多時間思考：是否應該偶爾瘋狂一下，買別的品牌或口味的巧克力嚐嚐……但你沒有這樣做，手還是自動伸向「我的品牌」和「我的口味」。在洗衣粉、優格和冰淇淋方面，情況也沒有什麼不同。可是為什麼呢？並且──更有趣的是：我們能從自己對品

牌和商品的明確喜好，短時間內不會改變中學到些什麼？

我們可以如何定位、呈現和推銷自己，讓我們受人愛戴、又被人需要，讓別人很想要和我們打交道？面對這一連串的問題，個人品牌術將告訴你答案。

■品牌是一切的開端

深受大眾喜愛的強力企業和商品的成功絕非偶然：它們做的所有事情（尤其是它們捨棄的事情），都奠基在一個獨一無二的基礎上，就是它們的品牌。品牌是一切的開端。我們大家都和企業與商品一樣獨一無二，擁有自己的特質。為了喚醒這個的獨特性，聚焦在上面，讓它成長茁壯，個人品牌術將現代品牌設計與市場行銷的模型，以及方法應用在人及其特殊需要上。因為人有靈魂，會學習與成熟。意思就是，我們必須特別小心地建立和呵護一個「個人品牌」。

一個強力的商品品牌，和一個強力的個人品牌之間差異並沒有想像中那麼大。事實上正好相反：兩者的技術和作用原理完全一樣。迪特・格奧爾格・黑爾貝斯特（Dieter Georg Herbst）教授，一位在國際多所大學任教的溝通專家，早在他2003年出版的學術鉅著《人作為品牌》裡寫道，假如我們遵循這四個步驟——分析→規畫→執行→監督，我們就能有策略性且長期地發展一個這樣

---

1 迪特・格奧爾格・黑爾貝斯特（編著）：《人作為品牌：草案、例子、專家訪談》（Der Mensch als Marke. Konzepte – Beispiele - Experteninterviews）。哥廷根：商業村出版社（BusinessVillage），2011年。第188頁。

的品牌[1]。這四個步驟很有說服力，也很簡單，正好和研發商品的品牌一樣。我們只需要知道，同時也非常重要的是，你應該對它產生共鳴。因為個人品牌術會造成觀感兩極分化，就與一個強力品牌應該造成觀感兩極分化完全一樣。你將會喜愛它或討厭它，沒有「無所謂」這回事。如果你最後發現討厭它，請將本書送給你最討厭的敵人吧！他將會喜歡這本書的。

不是所有好的東西對大家來說都是好的。如果個人品牌術對你來說很好，請認同它、樂於接受這個主題和它的技術，且讓它接近你。如果你現在還有一點懷疑，不久以後你將信服地說：品牌一點都不神祕，一點都不複雜。因為能夠使我最愛的商品成功，也能夠讓我成功，於是我開始渴望個人品牌術！很簡單，因為藉由個人品牌術，能夠尋找並勾勒出我的原動力與使命。而我想要以這個完全沒有危險且成效很高的品牌病毒來感染你。

■讓自己更突出

現今，尤其是在經濟危機時期，在某些層面上，我們可以將人和商品相提並論。人們在社會互動中必須愈來愈強勢地戰勝別人，不管是在職場或私人領域都一樣，因為只要稍不留意，很可能就會被替換掉，甚至被周遭的人視而不見不再把你當一回事。實際上，當我們談到「人力資本」（human capital）或「再就業服務」（outplacement）的經濟層面時，是完全沒有人性可言的。

在私人領域方面，網路交友網站更是這種激烈競爭的代表。這種網站自我吹噓至少將好幾百萬個寂寞芳心聚集起來，讓它

們在那裡一同寂寞，亟求得到別人的寵愛：各位女士，各位先生，採取行動吧！一如在漢堡的魚市集吆喝的賣鰻魚迪特（Aale-Dieter）：「再一隻鰈魚和一隻鰻魚、一顆空運來的鳳梨、一株絲蘭，因為今天我生日，再奉送一袋格子鬆餅——全部加起來賣十歐元！」真是太精采了，即使迪特本身已經是一個品牌了，他還是得大聲叫賣才能推銷自己，尤其是，他得把很多東西裝進袋子裡，然後以便宜的價格賣掉整袋東西。你希望自己不必那樣大聲吆喝，不必把那麼多東西裝進袋子裡，同時還能得到更多嗎？

　　沒有什麼可以使人免於一夕之間失去他在一個關係企業集團裡的「終身職務」；免於放棄他的單身身分；免於被拋棄或是拋棄別人，因為在別人的臂彎裡，似乎更美妙、更溫暖、更好。然而，這也是在欺騙自己吧！快一點、高一點、遠一點，這些在今日通常會和什麼有關？是快一點開車、蓋再高一點的樓房、到更遠的地方旅行？或其實指的是快一點回歸內心平靜、體驗到更高的滿意度、更深入地傾聽內在的聲音？這跟生活裡的每件事一樣——都是詮釋的問題。

▋塑造個人品牌

　　我們來到這個廣大的世界究竟是為了什麼，即使只有一瞬間，我們是否曾感到幸福的生命意義是什麼？

　　現在，我們生活在一個什麼都可以做，也什麼都可以不做的時代。真正的問題在於我們應該做什麼？應該不做什麼？在做與不做之間，人們卻很容易將自己搞得精疲力盡，因為人們不再

知道，自己真正代表了什麼，自己真正會什麼和喜歡什麼；不管在工作上，或私人生活裡，都是一樣。停！我對什麼懷抱滿腔熱情？我不能沒有什麼？什麼讓我上癮，就連最昂貴的迷幻藥也辦不到？正是重新發現這些的時候了。最棒的是：假如我知道，我真正代表了什麼，我真正會什麼，我真正喜歡的是什麼，那麼我就可以直截了當地放棄其他所有東西。對所有我不需要的東西，

明日的我

成功組件	伴侶／關係　住房／環境　朋友／社交圈　城市／市郊 愛好／業餘活動　職業／工作場所　健康／活力 收入／財產　我／自我　明天／未來
成功項目	身體語言與作用　聲音和語言　口才　展示　經營人際網絡 時間管理　風格和禮節　顏色和服裝　使命……
成功要素	聚焦　競爭　獨特性　重要性　品質　真實　識別度　自我宣傳 持續　網絡
核心	品牌蛋
工具	品牌三角形　　　　　　　　品牌漏斗

今日的我

索性放手；對所有浪費時間和讓人心煩的事情，比個嘲弄的手勢。這樣不是好極了嗎？

在本書裡，我將陪伴你一起塑造非常個人的強力品牌。你能夠從中得到什麼好處呢？個人品牌給你所謂的「護欄」，讓你不是什麼事都做一些，而是做符合你本質的、你渴望的、值得投資的、值得投入所有精神和力氣的事情。而且，它還會讓你在做這些事的同時擁有良好的感受。每一個人走的路都不一樣；世上有

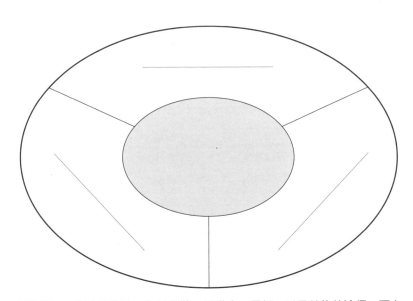

品牌蛋：一切由此開始，你的品牌、原動力、目標，以及前往的途徑。不久之後，你的品牌核心將會出現在中心部位，它是你對這個社會做出的貢獻。你促成了什麼？這是為什麼有你真好的原因。外面這一圈是你的品牌價值。品牌價值增加品牌核心的可信度，讓人易於了解。

那麼多不同的路，就如同有不同的人，每個人都有不同的目標和希望。然而，最重要的是世上存在一條你的路，通往你真實的本質和原動力的路。本書將為你指出這條路的方向，正如同經理、自由工作者、職場新鮮人、二度就業者，和找工作的人在「專業教練」（Coaching）和課堂上藉由個人品牌術找到並強化他們的方向一樣。

以個人的強力品牌作為左右護欄，你將自然而然地邁開步伐向前走。外面的社會將可以真實地感受到你的「品牌蛋」裡的內容和專屬於你的補充內容。在家裡、在職場上，甚至在休閒生活中，情況也都一樣。品牌作為護欄，給予你方向，同時給生命中沒有預期的事情預留空間。最重要的是，你的品牌形象是你做的所有事情，以及捨棄所有事情的基礎。

本書使用建議

如果將典型的品牌設計策略應用在我們身上，將會發現，其實我們已經明顯具備了一個品牌的特徵，每一個人都是如此。從出生的第一天開始，不管願意與否。你一定聽過「你可是一個品牌啊！」這句話。不管這句話是讚賞還是輕蔑，而你是滿懷喜悅或是同樣輕蔑地理解它。現在你要開始有意識地思索自己的「定位」，也就是你的品牌，藉由品牌，周遭所有的人都將會注意到你，其中一些人絕對是你的競爭對手。你從各個面向觀察各項標準和自己的特點，這裡增加一些，那邊丟棄一點，最後讓所有的線索都指向一個點，就是構成你，正是你本質的那一點。

在思索這樣的敏感主題，例如：自己的個性、感覺、希望和目標時，以下幾件事對我來說特別重要，請多加留意：

1. **發展時間**：個人品牌術可以是很有趣的。請帶著閒情逸致來研發你的個人品牌，也就是說不要在回到家後，吃晚餐前硬擠出一個小時做這件事。因為你的想法不會隨著鐘錶上的時間浮現。你應該給自己設定一個固定的時間範圍，比如說一個禮拜三次，每次兩個小時。彈性安排時間，當你感覺有行動的急迫感時，就開始展開工作。不管是在家裡、坐火車時，或度假時，都一樣。

2. **悠閒**：請坐在喜歡的地方，不受干擾地展開品牌研發工作。你輕輕地（或者是非常大聲地！）播放著最喜愛的音樂，把

手機關起來。認真看待這個所謂的前置作業，就像看待家庭聚會和烘烤聖誕餅乾的前置作業一樣。做那些事情的時候，一切也得確確實實地執行，才能成功。請你準備好以下的東西：細的麥克筆、粗的螢光筆、大張的便利貼，還有所有可供吃喝的好東西，為你辛苦的品牌研發工作帶來一些喜悅。

3. **工作手冊**：在本書中，你終於可以隨心所欲地亂塗、做記號、書寫、刪除、重新寫。我甚至建議你這樣做。你的品牌研發過程取決於流動的思想，寫在紙上的也是，取決於在頁面的空白處加註，取決於往前翻頁與往後翻頁，取決於便利貼、折角（是的，甚至這個也算）、螢光筆、手寫字。放膽去做吧！這樣的一本書是教戰手冊，我的教戰手冊每一本看起來都是這個樣子。

4. **結構**：也許你也是這樣的一個人：我看書喜歡由後往前看，瀏覽一下這裡或那裡，跳過這一章或那一章。在此，我非常建議你至少將本書主要章節〈品牌與人〉（從第31頁開始）和〈品牌塑造計畫〉（從第89頁開始）從頭看到尾。因為你需要這個基礎，才能將接下來的成功策略完完全全地應用在個人品牌上。除此之外，一些學習單的安排也是有先後順序的。在〈個人品牌成功策略〉（從第121頁開始）篇章，順序並不重要，但對一個強力品牌來說，所有的策略都一樣重要。最重要的是，你必須將全部的策略都列入考量。因此，這一章歡迎你跳著看，往前跳、往後跳，也可以跳到開頭的幾個章節，或跳到已經平淡無奇的章節，甚至是對你來說很有難度的章節。

5. **活動**：請在閱讀完每個章節之後，寫下三個與你個人品牌

相關的最重要想法。異想天開也無所謂！如果你不是寫下所有的想法，而只是列舉主要的想法，你馬上就勝任了品牌研發工作中最大的要求之一：不是照單全收，不是什麼都列入考慮、什麼都拿來用；而只是寫下最重要的想法。（當然你也可以在這裡寫進四或五個想法，寫在另外一張紙上也行，但是盡可能不要寫四十或五十個想法。）除此之外，本書最後面附上所有使用到的學習單，它們提供了所有的成功項目，舉凡肢體語言、經營人際網絡、使命和社交網絡等具體的執行祕訣。你也可以直接將它們影印下來。還有，在每個章節後面都有「本節重點整理」，如果你跳來跳去地閱讀，「本節重點整理」也適合作為快速閱讀時的摘要。請將對你來說特別重要的句子標示出來。如果你認為少了一個句子，那麼就直接把它補寫上去吧（也歡迎寫封電子郵件告訴我）！

6. **品牌區**：建議在家裡的一面牆上設立專屬於你和個人品牌研發工作的區域。你需要在每天經過的地方找到一塊一到二平方公尺的面積，例如在書房的書桌上方，從事業餘愛好活動的工作室也很合適。你可以將填寫好的學習單貼在這裡——你的品牌牆上。隨著時間的推移，你也可以把新的學習單貼起來，把舊的揉成一團丟掉。這裡也是貼照片和寫了筆記的便利貼的地方。你將會看到：你的品牌區隨著時間擴大、蓬勃發展，之後在你的日常生活中將占有應得的一席之地。請用德莎強力雙面膠帶（tesa Powerstrips）黏貼紙張。後面的一個章節裡還會更仔細地探討德莎強力雙面膠帶。或者是使用百特百變貼（Pritt Multi-Fix），它比較

小，還可以分成兩等分和四等分，而且比較便宜，因為品牌沒有那麼地強大。使用德莎強力雙面膠帶和百特百變貼有個好處，就是膠帶脫落時，牆壁上的灰泥不會一起跟著掉落。

7. **兩年期限**：你不是為了今天才研發自己個人品牌的（這樣做的話毫無幫助，因為你的品牌明天就成為了昨日），而是為了明天。也就是說，重點在於你的「指標定位」：你明天將如何地被注意到？一個品牌需要時間成熟與開花結果。我們為企業和商品研發品牌時，品牌成熟與開花結果的時間長短不一。有些委託人很急，因為他們花了大把的金錢研發新商品，所以想要盡可能快速地回收成本。在個人品牌術方面，我建議設定一個兩年期限。時間不會太短，也不會太長。在這兩年期限之前，今日已經存在的品牌組成部分，和現在仍然是夢想的想法已經結合在一起了。也就是說，品牌大約需要兩年的時間獲得生命，讓你，也讓其他人，感受得到。（一如建造一棟較大的建築物：建築藍圖獲得批准之後，直到一切大功告成，呈現生機盎然的景象，也需要兩年的時間。）品牌在你給予它的時間範圍之內，藉由大目標與小目標、為了達到目標而採取的大小規模行動、很多的想法、與陳舊的事物一刀兩斷，以及改變到目前為止不可觸碰的事情，而逐漸成形。

8. **十五年期限**：一個品牌必須非常傑出與強大，才能持久。只有當你以此為目標來發展品牌，才值得花費這個力氣。我們可以在信賴多年的商品上看到這點：在一般情況下，它們的品牌至少和圍繞著這些受歡迎商品所舉辦的各項活動基礎一樣長久，也和你對

它們的感知一樣長久。當然，隨著時間的推移，例如：經濟環境或是競爭情勢的改變，也有調整品牌的空間。不過，品牌不應該老是經歷一百八十度的改變。因為，這意味著恐慌不安、浪費力氣和時間，最糟糕的是品牌會因此而失靈。如果你帶著熱情和耐心來從事品牌打造，你也可以規畫個十五＋X年的時間來經營你的個人品牌。X也可以索性代表一輩子，甚至應該是這樣子才對。

9. **用筆寫下來**：請用紙筆工作。否則你的想法一會兒是這樣，一會兒是那樣，時常忘記昨天或是過去那個禮拜當你很確信自己想要這個大目標，而心安理得地把那個較小的目標放在最後的情況是怎麼發生的；你的這個願望比另外一個願望大得多，或這個能力比另一個能力更符合你的個性時的狀況又是怎樣發現的。這就像是你在除夕當天對新的一年進行規畫：你將想法寫下來，好主意才能明朗，才不至於隨著時間遺落在記憶深處，難以復得。

10. **樂趣**：請注意在從事品牌研發工作時，隨時保有樂趣！

實例：三個人與他們的個人品牌 I

■ 雅思敏‧左恩

　　雅思敏‧左恩，年近四十歲，是德國聯邦國防軍的醫生，大自然愛好者。她獨自住在鄉下一棟位置非常偏僻的美麗木屋裡。今年夏天，她在聯邦國防軍的聘任期將會結束。之後她想要短暫休假，獨自到泰國旅行三個月，因為她想要再度感受一下自己。她常常說著「也許、也許、也許」，卻總是不行動，一再被說服做她其實一點都不想做的事情，讓她感到厭煩極了。即使有再多的成功，她也無法肯定自己，更別提讚美它們了。自從離開家鄉後，她便無法承認自己是在前東德長大的。而且她剛剛結束了一個心理治療。

　　她已經買好前往泰國的飛機票，出發的日期也已經決定下來了。不久前，雅思敏有了一個新伴侶，雖然她目前根本不想要與任何人交往，但他就這麼闖進她的生命裡。她的男友住在城市裡，離這裡大約一個半小時的車程。他們兩個講好，他隨後會到泰國與雅思敏會合，一起旅行幾個星期，看看他們到底適不適合彼此。還有一件事情，然而這件事情卻讓她所有的想法和計畫蒙上了一層陰影，而不是帶來快樂：雅思敏懷孕了，不是自願的。與她相反，男友很期待孩子的來臨，想要和她生活在一起。

　　對雅思敏來說，她的世界整個垮了下來。事情突然一下子變得那麼多，實在是難以招架：孩子、關係、休假、工作、居住地……生活全亂了套，眼前有一大堆的問題。在聯邦國防軍的聘

任期即將結束了，她應該開設一間自己的診所嗎？還是寧可在醫院受雇工作？她應該把孩子生下來嗎？如果她和孩子的爸爸分手了，情況將會如何？經濟方面呢？如果當個單親媽媽，沒辦法全職工作的話又該怎麼辦？她到底應不應該和男朋友繼續在一起？她可以繼續生活在熱愛的大自然裡嗎？偏偏他因為工作上的關係很依賴城市生活。

■ 佩爾・梅爾藤斯

佩爾・梅爾藤斯博士是個事業有成的人事經理，年紀五十出頭，和太太住在市郊的一個大莊園裡。儘管他的辦公室也在那裡。兩個孩子都長大了，幾年前已經搬出去住了。他已經不再需要工作了，但他仍然想要。不過，不再是在相關的國際人事顧問服務性行業複雜的結構裡工作，而是寧可作為獨具風格、單打獨鬥的獵才顧問，可以自己挑選企業挖角委託案件。他有這方面的能力：因為他在這一行很有名氣，非常成功且具有良好的人際網絡。

對佩爾來說，這個工作滿足他，同時讓他總算有餘裕經營一個有品質的私人生活：兼顧夫妻共同生活、旅行和接觸文化活動。他最想要的是一些他挑選出來的、可獲利的委託案件，外加真正重要的拓展人際網絡的機會。不過，正確比例的拿捏在哪裡？他應該從哪裡著手，才不會什麼都只做一些，然後因為同時要做很多事情而極度分散精力？除此之外，他在三十年精神緊繃的工作生涯之後，已經不知道「到這兒為止，不再繼續」的界線在哪裡了。「界線」不僅創造了自由發展空間，也維護了自由發

展空間，可以協助他實現自己對私人生活的要求。

　　佩爾仍然是一個大忙人，沒有辦法停下來：另外，他和合夥人還創立了一、兩間小公司，負責人事顧問特別項目的業務。在這裡他其實不想太過居於領導的地位，但不知怎麼地，他還是那個運籌帷幄的人。而這個草創時期，沒有人知道會持續多久。

■ 碧姬・飛格特

　　碧姬・飛格特是個有野心、抗壓性強、有耐心的人。可是現在，她終於想要離開那個單調乏味的工作了。她三十五歲左右，在一間大型的企業顧問公司已經看過和經歷過所有的事情了，這些事情值得用從來沒有待在家裡來換取。她擁有一個策略顧問的典型生活——星期一到五住旅館，從非常早工作到非常晚，沒有時間做私人的事情和娛樂。每當週末回到家時，她僅有的一些朋友和熟人通常已經有約，甚至已經啟程到山上度週末了。她沒有力氣自己安排些什麼，更不用說建立新的社會關係了。

　　碧姬愈來愈常自問，為什麼要做這所有的事情。漸漸地，她想要彌補缺乏的一切，她需要一個明確的生活重心。這不只是在一個她想要居住，但幾乎從沒有待過的城市裡擁有一個住所，她想要知道自己歸屬於哪裡。她需要一個正常運作的社交圈，可以和朋友與熟人來往、建立情誼。除此之外，她需要定期去健身房做運動，多年以來她只是付費，都沒空前往。她想要慢慢地再次和一個伴侶建立穩定的關係，與他攜手創造共同的未來。她也想要有孩子。

碧姬曾經詢問過上司，一個星期撥出四天到各地服務委託人，一天則在自己辦公室工作的可能性。上司很不樂意，尤其是他總算想要把她擢升為資深顧問的時候。儘管她很滿意即將升任資深顧問，但這意味著更多的工作、繼續孤單地住在某一個旅館，此外當然是繼續一個星期五天在當地為顧客服務。她正在考慮辭去工作，從積蓄中提出一筆錢去進修成為訓練者（Trainer）和教練（Coach）。那麼她就可以從事自由職業，訓練和教練學員。如果可行的話，她打算在居住地附近展開這樣的計畫。不過，她應該這樣做嗎？現在就做嗎？

　　你在後面第287頁章節中，可以看到以上三個人的品牌特質。

── 十個給失敗者的個人品牌術準則 ──

1. 你和別人沒有什麼不同！
2. 對你達到的成就感到滿意！
3. 人云亦云！
4. 只和認識的人來往！
5. 熱衷於每一種趨勢！
6. 總是單獨去吃午飯！
7. 沒有回報，不協助任何人！
8. 拿自己與最弱的對手相比較！
9. 盲信與投注過多的希望！
10. 忘記所有人的生日！

1

品牌與人

品牌給人良好感受

你一定也知道什麼是品牌。我們每個人都對品牌略知一二，擁有自己非常個人的想法。原因在於不管我們去到哪裡、站在哪裡，都聽到品牌！品牌！品牌！：

- 如果我要買什麼，一定是買有品牌的商品——有品牌的商品雖然比較昂貴，但可以用得比較久！
- 我的毛衣是名牌貨，要價200歐元，當然完全合理。
- 我根本不考慮沒有名的冬季用輪胎。我只買有品牌的輪胎！

■品牌讓我們幸福開心

我們買到自己想要的品牌商品，滿足了願望，符合了周遭人士的期待。那麼現在，我們得到什麼好處？是的，主要是良好的感受。這不是很好嗎？

我在寫這些句子的同時，穿著如下：深棕色的Nudie小直筒牛仔褲；彩色條紋襯衫，Paul Smith（我相當喜歡他的設計風格）；奇卡馬（Chicama）的青灰色針織毛衣，在祕魯製造的法國商品；Hanro的內褲，購於位在瑞士利斯塔爾（Liestal）的工廠直銷店；棕色、車縫框邊的鞋子，Ermenegildo Zegna，購於專給「忠實顧客」的特價日。（我感到太榮幸了，在我買了一條腰帶之後，他

們就很感情用事地將我列為擁有購買特價品資格的忠實顧客！）我是一個品牌崇拜者，甚至是一個品牌上癮者！

我穿著這身衣物感覺良好，有時候，真的只是有時候，我有一點點懷疑自己是不是有毛病：用160歐元買一條牛仔褲？用210歐元買一雙鞋子？用310歐元買一個Doo-Wop海軍吊燈，Louis Poulsen的原版燈具，而且我一次就買了三個：淡藍色、淡綠色和淡紅色的。好吧好吧，它們是透過關係特別優惠買到的，而且是我喬遷新居的禮物。但是，宜家家居（IKEA）的吊燈也會擺盪，照明效果一樣很好啊！哎呀，第一次住在這個有挑高天花板的新家——當然要擁有真正的丹麥設計，而且現在就要。

不管我們從哪一個角度來看，品牌都讓我們感到極其幸福與開心。要不然你要如何形容那得意的感覺：當你在建築材料商場逛了很久之後，腋下夾著給真正專業人士使用的高品質電動鑽孔機，那個你無數失眠夜晚的美夢，迫不及待地衝向位在地下室工作室裡的工作台前，而這個東西甚至比你訂閱的星期六報紙增刊裡的廣告還便宜20歐元時？（最好沒人跟你說，這個同型的器材在折扣商店裡名稱不同，價格也不相同。）

■ 這就是品牌

還有，如果發生了下列的事情，你將如何描述這個逐漸襲向你的感覺：

你在商店街來來回回地走來走去，心情不是很好。毛毛雨斜斜地打在你的褲管上，四周到處都是咳嗽聲和吸鼻子的聲音。你很惶恐不安，眼睛想要看見不一樣的東西，其他的感官也渴望擁有嶄新的體驗。這時你看到了它，突然間你的想像世界整個開啟；一開始不如說是模糊不清，然後你像是觸電了一樣，很快地整個人就興奮了起來，最後像著了魔一般。尋找觀看的目標，轉變成為了渴望，腎上腺髓質釋放出壓力荷爾蒙「腎上腺素」和「去甲腎上腺素」，再加上皮質醇，讓你的心臟開始砰砰狂跳、手指頭變得暖烘烘的，就是這一刻：你現在就要擁有這個東西，這一小件陳列在商店展示櫥窗裡貴得要命的衣服（或太陽眼鏡、香水），透過櫥窗，看起來是那麼地柔軟、舒適溫暖。再加上暖洋洋的微紅色調，俊男美女，帕瑪氏（Palmer's）、維多利亞的祕密（Victoria's Secret）、貝莎娜塔（Passionata）……等等的標誌。

　　你的需要得到了滿足，因此忘記殺價，拿著戰利品，在黃昏時分離開那位因為你沒有殺價而感動到不行的店員。親愛的讀者們，這就是品牌啊！

本節重點整理

● 強力品牌賦予人們良好的感受。

● 品牌讓我們願意舟車勞頓、尋尋覓覓，不惜任何代價就是為了要得到它。

● 品牌使人感到滿足，因為它開啟了想像世界，滿足了感官的體驗慾望。

我的三個想法

1. _____

2. _____

3. _____

建議行動

❶ 你仔細觀察鏡子裡的自己：你穿著什麼，尤其是，你為什麼穿這樣的衣服？你也穿喜歡品牌推出的牛仔褲嗎？為什麼呢？你花了多少錢才得到它？你的汽車上有什麼樣的標誌？正好是這個標誌，讓你覺得感動、快樂，甚至驕傲嗎？你對此有沒有一個解釋？當你想到女性內衣的時候，你想起哪些品牌：你最想送給女伴哪個品牌的內衣？妳非常想從男伴那裡得到哪個品牌的內衣？你的家具是哪個品牌的（宜家家居或羅福賓士〔Rolf Benz〕，或者兩者皆有）？廚房呢（羅樂家具商場〔Roller-Möbelmarkt〕或博德寶家具〔Poggenpohl〕）？你最愛的香水（大概不是利多超市〔Lidl〕的特價商品，一瓶6歐元的人造香水吧）？你的洗

髮精呢？（契爾氏〔Kiehl's〕的米麥蛋白豐盈洗髮精或阿爾迪超市（Aldi）的米黛恩洗髮精〔Mildeen〕）？剃鬍子膏？（妮維雅〔Nivea〕或芙蕾蓉娜〔Florena〕）？還有晚霜呢？（凱伊黛〔Carita〕的賦活晶燦晚霜或歐蕾〔Oil of Olaz〕的多元修護晚霜）？

❷ 請把眼睛閉起來：當你想到自己私人生活裡使用的各種品牌時，心裡頭浮現什麼樣的感覺？請你推斷出自己的品牌世界，以及回答你為什麼一定要為這個手提包或那個除濕機投資更多的金錢，而不是買另外一個同樣可以用的商品。購買有品牌的商品，是否讓你有時候甚至感到——很幸福？

品牌給人方向

如果在Google中輸入「品牌」（編注：以「品牌」德文Marke為例）這樣的關鍵字，就會出現5000萬筆和「品牌」有關的資料。聽起來難以置信，不過，那麼多企業和商品品牌的存在，是絕對可以想像的。事實上，這數字多少一點都不重要，重要的是，我們每天接收到的3000個品牌信息一定是從某一個地方發出的。此外，歐洲每年有38000個新品牌辦理登記。面對所有圍繞在我們周遭的術語，例如：「品牌技術」、「品牌管理」和「品牌傳播」的數字、論點、策略與計畫時，我們必須留意的是，不要迷失在一堆定義和巧妙的理論中，反而應該關注最根本的東西：塑造一個強力品牌雖然不容易，但也不是太難。重要的是，你：

● 相信冒險行動的意義，

● 真的想要，

● 知道自己在做什麼，

● 接受結果，

● 在這個基礎上生活和行動。

■ 品牌源於做記號

德文的「品牌」（Marke）一詞來自「做記號」（etwas

markieren），英文是「brand」或「to brand something」。這個詞源於美國中西部。當時牧場主人和牛仔常常必須在一大群牛中找出自己的牛，因此不斷會與其他人發生口角！所以人們開始給牛做記號，他們製造出「烙印」，將上面刻有主人名字縮寫的灼熱鐵塊印在牛的毛皮上。這樣一來，哪一隻牛屬於哪個牧場，便一目瞭然。

我們今日的作法也沒有什麼兩樣。在送孩子去寄宿學校之前，我們用洗滌後不會褪色的筆將孩子的名字寫在衣服的標籤上，以防孩子什麼都帶回家，就是沒帶回我們特地為他新買的東西。我們也給網球做記號，用打火機加熱有兩個活動金屬字母的工具，再將字母壓在毛氈上，略微燒出記號，如此我們就能在癟扁的網球中找到自己的新球。除此之外，我們會在辦公室門外用一塊牌子做記號。同時也會為我們的行李箱做記號，要不然許多找不到主人的黑色新秀麗（Samsonite）和銀色Rimowa會在全世界的機場輸送帶上到處旋轉，那會是一場多麼滑稽的混亂啊！而國家則為我們的車子做記號——用只此一個的號碼牌作為車子和車主的識別。我們也用門牌號碼為房子做記號，以便郵差可以辨別方向，很快找到我們，萬一有緊急事件，救護車也能更快找到我們。事實上，我們也為自己做記號，用全世界只有一個的電子郵件地址。

品牌讓我們對製造者（品牌發送者）及其所製作商品的技術與認真態度有信心，例如：

- 不會倒塌與自動合攏起來的花園躺椅（我馬上想到克特勒健身器械公司〔Kettler〕）；
- 我可以確定，即使人不在家，它仍密閉不漏水的花園水管（嘉丁園藝公司〔Gardena〕）；
- 用一輩子都不會壞的廚房用具（Miele精品家電公司）；
- 我肯定可以使用這個電子儀器進入那用鋼筋混凝土蓋成的新房子（百得家用電動工具公司〔Black & Decker〕）。

■人生與品牌息息相關

　　一個強力的品牌讓我們對商品的來源有信心。例如「Made in Germany」（德國製造）這個名稱最初是英國人提出來的，為的是要給德國商品蓋上一個負面的烙印。消費者應該得到警告是：小心！來自德國的商品品質比本國商品差！然而事實卻證明，來自德國的商品擁有最好的品質，很快地，這個品牌名稱的意思完全顛倒了過來。尤其是德國的機械與汽車，已經在全世界蓋上這個強力的印記。直到今天，「德國製造」仍然是不變的高品質代名詞。

　　人的一生都和「品牌」與「針對某品牌的經營管理」息息相關。一部分的人非常意識到品牌的存在，一部分的人則完全沒有品牌的意識。若我們清楚理解日常生活中充斥了多少的品牌，我們對這些概念和主題便不會有太大的敬畏，其實也沒有理由懷抱

商品品牌定義

　　名字、名稱、標記、設計、符號，或將這些基本概念組合成一個商品的識別（商品特質），或者是一個廠商服務性工作的識別，並且和競爭者做出區別。

　　「自然的」品牌形成先決條件是商品品質。

　　商品包裝也很重要。

　　品牌根本一點都不是祕密：清楚的文字，讓我們對誇大的話語和研發工作不再懷抱敬畏。

太大的敬畏。當我們和受過最佳訓練，且經驗老到的人一起工作時，例如那些名片上印有「傳播公司經理」、「負責歐洲、中東暨非洲地區的品牌總監」或「非食品商品行銷區域經理」字樣的人，我們首先應該表達出對「品牌」這個主題毫無畏懼的態度，因為我們十分明瞭「品牌」的定義。

■一眼就能認出

　　我位於慕尼黑的企業顧問公司brandamazing，從事「品牌傳播」，為企業和商品研發品牌。當品牌和其所有組成部分得到一致的贊同之後，所有的傳播、為企業或是商品所做的廣告全都依據品牌運作。也就是說，我們和客戶一起操縱品牌，所有採取的行動都以那言簡意賅且我們深信不疑的指導原則：「一眼就能認

出品牌」為依歸。

　　啊哈，原來品牌主要是讓我們可以清楚識別名字和標誌，例如：紅底上面一個白色的「T」，代表了電信局（Telekom）；賓士車的星形標誌。品牌也可以是一句話，套句行銷人員的說法是「口號」（Slogan）或「廣告標語」（Claim），例如eBay的「三……二……一……我的！」品牌也可以是所有一切的總合，讓人不會混淆企業、商品和所提供的服務。這麼多因素的相互配合帶來更大效果，讓品牌的價值更高、更感性、更值得追求。

　　神經學家可能會這樣說：品牌的目的是讓腎上腺髓質釋放腎上腺素和去甲腎上腺素，再加上皮質醇。我們應該現在就想要擁有這個商品！挑動我們購買慾望的主要因素是包裝，包裝企圖讓我們預先相信商品：買我！我可以滿足你的需要！不只如此──我還會讓你感到幸福！包裝上有商品圖片、名稱、標誌、標語，大體上有很多的形容詞和保證（例如「洗得更白！」），以及行銷策畫者和廣告公司想出來的一些促銷手法：人們在打開的洗衣機滾筒前笑逐眼開，大隻蝴蝶環繞著晾著雪白床單的曬衣繩翩翩飛舞，背景是鋼青色的春天天空。孩子驕傲地展示乾乾淨淨的足球衣，洗衣粉裡添加的特殊成分讓你的衣物顏色鮮豔不褪色、潔淨如新……品牌就是我們可以一眼認出的東西。

■ 是否真如行銷詞語一樣精彩

　　「眼見為憑」（Seeing is Believing），品牌專家如是說——我們相信自己看到的東西。沒錯，這是我們消費者可以看得到的部分。然而，品牌看得見的部分通常只有一點點，絕大部分卻是看不見的東西。而這個看不見部分的比例可大多了——就像一座冰山，90％的體積在水面下。

　　包裝則是可以撫觸的，在我們看了商品很久之後，終於可以感覺一下包裝了。你一定知道手指頭掠過表面略為粗糙、不平滑的紙張感覺。你撫摸到一個不是簡單列印出來，而是壓印出來，上頭微微浮凸的字。此刻，除了視覺之外，其他知覺也完全被牽扯進來：摸起來的感覺真好！手指頭將這個訊息傳送給腦袋。腦袋想像巧克力斷裂的時候，我們的耳朵相信已經聽到這個典型的喀嚓聲，鼻子已經注意到細緻的可可粉香味，舌頭已經提早嚐到融化巧克力的滑順口感……你現在腦袋裡一定浮現一個正在觀看自己享受巧克力滋味的圖像。

　　然後，你別無他法，只能聽任自己的慾望，買了巧克力。當你終於把包裝紙撕開，用大拇指和食指除去那張特別薄，用來保護巧克力的錫紙，且口水已經流進嘴巴裡的時候，真實的一刻終於來臨了。然而商品履行包裝上的承諾了嗎？你在購買時給予商品的預先信任兌現了嗎？你的期望得到滿足了嗎？也許甚至超出了你的期望？現在有贏得一個喜愛這個商品的「粉絲」機會，

如果能夠贏得一個終生的忠實顧客，是再好不過的了。如果堅果真的像圖片上那樣飽滿多顆，如果「喀嚓聲」真的像耳朵之前已經預想聽見的那麼清脆，如果融化的巧克力如同最好的行銷詞所保證的那般細柔，那麼這個商品就成功了。這是最精彩的品牌體驗，一個強力品牌應該且必須是這個樣子！

■ 定位也是品牌

「『行銷』不是商品的鬥爭，而是對商品感知的鬥爭」，美國的行銷代表人物艾爾‧賴茲（Al Ries）和傑克‧區特（Jack Trout）直指出重點[1]。 品牌「定位」商品，在架子上、在競爭者之中、在我們的腦袋及心裡。「定位」意指一個商品或服務性行業目標明確、有計畫地創造與突出強項和品質，在鎖定的顧客群評價中，清楚且正面地和其他商品或服務性行業有所區別。這個定位，也就是品牌。而品牌也應該會出現觀感的兩極分化：一個是覺得這個品牌令人喜愛、值得追求，所以購買它；另一個則覺得它令人不快、很討厭，反而決定購買競爭對手的商品。對一個強力品牌來說，重要的只有兩件事：第一、就是造成觀感兩極分化；第二、除了不接受的人之外，主要是那些喜歡和賞識這個品

---

1 艾爾‧賴茲和傑克‧區特：《定位：在眾聲喧嘩的市場裡，進駐消費者心靈的最佳方法》（Positioning: The Battle for Your Mind）。紐約：哈潑柯林斯出版社（HarperCollins），1993年。第25頁。（中文版於2011年由臉譜出版社出版）

牌的人。他們購買商品，提高製造者的營業額和利潤，確保企業職員的工作和他們家庭未來的經濟狀況，讓企業負責人微笑，激勵他們繼續在企業、市場與企業所在地投資。

在這樣一個充斥了無數可替代商品的世界裡，品牌可以讓我們找到想要的東西。如果架子上滿滿都是巧克力，且每一塊巧克力外面都包著白紙，寫著黑色的字樣：「優質榛果內餡」、「黑苦口味」、「葡萄夏威夷豆口味」，那我們該如何反應，尤其是應該如何選擇？或者，更難的是，1989年11月底柏林圍牆剛剛倒塌後不久，我在柏林的KaDeWe百貨公司的食品商場閒逛，在販售香腸的櫃檯前，有位來自東柏林的中年婦女站在我的旁邊，她俯身看著櫃檯，喃喃自語地說：「人為什麼需要80種不同的沙拉米香腸？」她想念明確的選擇，沙拉米香腸就是沙拉米香腸，不管肉餡是絞得很細，還是仍然可以清楚看見肉丁；邊緣有胡椒粉還是沒有，都不需要花力氣去分辨。儘管我們決定購買某項商品的意願可以逐漸形成，但是涉及到商品、商品標記和我們的選擇，目標仍然必須非常明確、知道自己的愛好，且有與眾不同的看法才行。因為，我們對什麼東西產生慾望，最後有目標性地選擇一個商品來滿足這個需要，還是受到直覺的影響。（那位女士最後什麼都沒有買。）

■從競爭商品環伺中突破

「直覺是一個感知，突然間有了意識，雖然不知道其深層理由，不過它卻強大到足以促使我們行動。」社會洞察力研究者與決定理論學家蓋爾特・吉歌仁徹（Gerd Gigerenzer）教授寫道[2]。他自己也說，很多他所擁護的學說都還沒有得到徹底的研究。不過，毫無爭議的是，潛意識在我們踏進超市之前就已經知道自己要買什麼、不買什麼。如果感覺、潛意識和直覺不是持續不斷地「被餵養」各式各樣的刺激與資訊的話，它們要如何形成與產生影響呢？感覺、潛意識和直覺是透過有意識或無意識的感覺，清楚定位商品和其周邊的一切，例如：電視廣告的畫面、五彩繽紛的色彩、氣味、「買我！」的宣傳海報、針對顧客心理精心設計的音樂、溫暖的光線……而得到這些「食物」的。換句話說，感覺、潛意識和直覺是透過或多或少清楚感知到的品牌，且這些品牌或多或少和它們的競爭對手有明顯的區別。

香腸製造商自己知道，區別躺在香腸櫃裡的香腸，比區別躺在巧克力架上的巧克力更困難。畢竟他們的商品大部分都沒有包裝，就一片片或一整塊地被陳列在櫥窗裡。可是，香腸的品質有很大的差別，只是我們要如何告訴消費者這些差別？加上有些

---

2 蓋爾特・吉歌仁徹：《以直覺做的決定：下意識的洞察力和直覺的力量》（Bauchentscheidungen. Die Intelligenz des Unbewussten und die Macht der Intuition）。第二版。慕尼黑：構爾德曼出版社（Goldmann），2008年。導論。

香腸種類大同小異，卻又必須讓消費者有這些香腸更好的感覺。要是能夠成功地讓消費者覺得這些香腸比一旁重量一樣的香腸更好，愛吃香腸的人應該會願意花更多的錢買這些香腸，即使一旁的香腸也許還是同一台機器出產的。為了讓這樣的事情成功，製造商發明每一片上面都有詼諧笑臉的香腸，站在櫃檯旁握有決定大權的孩子們總是一再認出這些笑臉，然後用手指指名要買這個香腸。他們做出正確選擇之後，穿著白色長罩衣的女店員就往下遞給他們一塊很大的黃香腸（Gelbwurst）。本身有替代性商品的品牌運作就是如此。

　　座落在薩爾布魯根（Saarbrücken）的惠爾肉品暨香腸公司（Höll）的香腸行銷專家也深知這點，所以他們發明了固定綁在里昂那香腸（Lyoner）細繩兩端的「封口鉛扣」。稍微幸運的話，我們就能在一個完全不同的香腸腸衣上看到電視廣告的「羅根瓦得磨坊香腸」（Rügenwalder Mühle）。紅色紙版包裝上的是中古世紀〈華倫王子〉（Prince Valiant）戲劇裡的角色人物，舉著長矛爭奪下午茶香腸[3]（Teewurst）。雖然只不過是香腸，不過「一定要羅根瓦得磨坊的香腸」，羅根瓦得磨坊節的廣告短片如此說道。

---

3 叫「下午茶香腸」是因為人們吃下午茶時，喜歡將這香腸擠出塗抹在三明治上吃，由於內含30～40％的脂肪，可以很輕鬆的將擠出的肉醬均勻塗抹在麵包上。

　　全部都是品牌，品牌就是全部。我總是認為自己對廣告傳達的訊息及「買我！」的刺激完全免疫了。不過，我愈是研究這背後的主題，信心愈是動搖。我開始被潛意識所控制，雖然要如此承認是困難的。

本節重點整理

- 品牌能將一把平凡的椅子或一個平常的電器用品變得奇貨可居。
- 品牌讓基本上完全一樣的兩個東西變得有所差別。
- 品牌也涉及商品本身，主要是和我們如何感知商品有關。
- 品牌對我們有什麼影響，要在購買了商品之後才能夠發覺。
- 經過證實：説自己完全可以抗拒品牌的影響的，一定大錯特錯。

我的三個想法

1. _____

2. _____

3. _____

建議行動

❶ 請寫下來你在哪裡遇見品牌。你上一次在城裡閒逛的時候，有哪些標誌和名字引起了你的注意？你記得哪些製造者和商品，在幾千種其他製造者和商品當中，成功地將它們的訊息傳送給你。

❷ 品牌也給你方向嗎?你在一張表格的左邊寫下十項你多年來盲目相信,且在超市總是順便購買的商品;沒有考慮在這期間是否出現更好的商品。右邊則針對每一項商品寫下它獲得你信賴的三個最重要原因。你想想看:

- 商品成功地讓我購買它的原因?

- 作為一個人,我如何成功地將自己的信號和訊息傳遞給他人,給予他人方向:選我!聽我說!跟隨我!雇用我!愛上我!

- 我之後不需要那麼努力,就能夠得到更多的成功嗎?

我也可以是人人欽羨的強力品牌

你不是巧克力棒，沒有浮凸的標籤字樣，也沒有一個標誌。當然，這樣的事情永遠不會發生——人就是人，應該保持這個樣子！除了這些之外，你還有自己的靈魂、心和感覺，此外還有腦。藉助這樣大規模的裝備，你可以跟一個成功的企業或商品一樣打造自己：定位、獨具風格、區別清楚。當然還有將觀感兩極分化……

如果我們現在將上面提到過的品牌定義套用在人的身上，看起來會是如何？非常簡單：

個人品牌的定義

名字、名稱、標記、設計、符號，或將這些基本概念組合成一個商品人的識別（商品特質人的特質），或是一個廠商服務性工作的識別，並且和競爭者做出區別。

「自然的」品牌形成先決條件是商品品質個人品質。

商品人的包裝也很重要。

個人品牌——也是一個強力品牌。但是：人是活的，有意識及靈魂，不是一個被動的商品。

■明確感知奠定品牌成功基礎

我們都想當勝利者，不想當失敗者，不管是在職場上，還是在私人生活裡；不管是從事業餘活動，還是做運動，都是一樣。在演講和課堂上，我喜歡請聽眾和學員們閉上眼睛，想像一下：你是一塊巧克力，和其他一大堆巧克力一起躺在超級市場的架子上。你企圖得到顧客的青睞。想要受到喜愛，想要被選中，想要當第一名。相信我！購買我！帶我走！不過，要怎麼做呢？

你含有多少可可粉（是深色、略帶澀味的，還是淺色、呈乳狀的）？你每100公克要價多少錢（作為給普羅大眾的商品，100公克要價59歐分；或是給美食家的高級商品， 百公克要價1.29歐元）？你的包裝看起來怎麼樣（花俏喧囂，還是較為內斂講究，上面有三個很大顆，拍得很漂亮的杏仁）？你摸起來的感覺如何（像塑膠一樣，或是表面略微凹凸不平，手指頭可以感覺到壓印出來的品牌名稱）？

以上的答覆，對品牌的成功或失敗有決定性作用。而你精確的答覆，則是持久成功的最佳先決條件。最棒的是：適用於巧克力的策略，也適用於我們人類——清楚的定位，以及我們周遭人士對它的明確感知，也奠定了我們的成功。如果我們想要在這個愈來愈錯綜複雜的世界找到自己的方向、保住自己的職位，有意義地生活，大家就都需要成功。

■個人品牌也要讓觀感兩極分化

就像每一個清楚定位的商品與品牌一樣，每一個清楚定位的人也必須造成觀感兩極分化，才能夠成功。畢生恣意不羈、帶有傳奇色彩的前任巴伐利亞邦總理弗朗茨・約瑟夫・施特勞斯（Franz Josef Strauß）說得好，他以有限的英文說了句名言：「眾人的達令是眾人的笨蛋！」[4]所以我一再建議：請造成觀感兩極分化！不過請以心、腦和靈巧的手法行之！

我的通俗法則是：只要你的感覺告訴你，周遭至少有一半的人樂意想到你，喜歡和你碰面，那麼這不但是你的品牌強度足以造成觀感兩極分化的證據，同時還證明了你的品牌強度經得起考驗。那麼其他差不多50%的人，當他們想到你和遇到你的時候，儘管可以不抱任何希望、輕聲嘆息，甚至把門閂上或趕快跑開。先決條件是，他們是對的人。

然而，只要你周圍的人通通都認為「他人很好」（「很好」的意思畢竟和「還可以啦」差不多），或是「他很和善」，或甚至「他對我來說無所謂」，這代表你沒有造成觀感兩極分化，根本不是個品牌，頂多只是個小品牌而已。

---

4 譯註：原文是：「Everybody's Darling is Everybody's Depp!」，「Depp」是德文詞，意指「笨蛋」。

在個人品牌方面，有兩個因素特別重要：

1. 雖然我主張造成觀感兩極分化，不過前提是有建設性地造成兩極分化，意思是指清楚表達想法和意見，藉此表明你的態度。在此，重要的是對他人表示尊重，以及對特殊情況保持敏感度。也就是說，《二十個狂熱手段，讓你踏著別人的屍體往上爬》這本書會放在書架別的地方，而不是在這裡。

2. 如果你已經有建設性地使觀感兩極分化，但是所有你心嚮往之的人都屬於不抱任何希望、嘆息、閂上門或跑開的人，你還是得不到什麼好處。畢竟這關係到人，這個很大一部分依舊奧祕未解的生物。遇到這種奧祕未解的事物，我們會訴諸於「感覺」、「潛意識」和「直覺」這樣的說法。個人品牌術不能解釋所有的事情，但可以把無法解釋的事情變得更明確易懂，因此對你處理無法解釋的事情很有幫助，並且還能從中得到好處。

■找出獨特賣點

想想看：為什麼老闆應該將你擢升為部門主管？審查部的米勒小姐可是比你更具魅力！為什麼應該是你擔任托兒所促進協會的主席？當遊戲場的新沙子運來時，班尼的爸爸可是出了很多力氣幫忙！為什麼你應該在一群男人一起出遊時得到滑雪小屋裡最後一個空床位？那個胡柏先生總是帶更好吃的甜食來和大家分享！在日常生活中，你一定也遇過類似的情況。

　　回到一開始的問題，將你變得非常特別的東西可以是什麼？如果你總是去找同一個鞋匠，那他一定有什麼特別之處。我的鞋匠會用特別厚的材料裁製特別耐用、手工製作的鞋底，這樣的鞋底現在已經很少見了。你總是去光顧的麵包店一定也有什麼非常特別的地方。我喜歡的麵包店的酸奶酪所使用的鮮奶油比任何一家都多，在麵包店打烊前半個小時還會打六折。你的建築材料商場也許也很特別；在我的建築材料商場裡，總是可以馬上找到我要的東西，因為它的路線指引很棒，每當我要找人問問題的時候，馬上就有店員過來，而且他立即可以給我解惑。擁有一個很棒的「USP」，或者是把全名寫出來，一個「Unique Selling Proposition」，意思是「獨特賣點」，不是好極了嗎？對我來說，這些都是很特別的地方，比所有其他的建築材料商場提供的服務還要好。

　　你有什麼特別之處？什麼讓你成為一個很特別的人？請你仔細想想這個問題，方能為你獨一無二的品牌特質建立第一個重要基礎。換句話說，你所提供的服務就像是鞋匠和麵包師傅提供的服務，一定是獎章的一面；然而，獎章的另外一面也同樣重要，這個柔軟的因素，即是品質（Qualitäten）。人有哪一些品質？在巧克力方面是融化時的口感，在香腸方面是新鮮材料的細緻調配，那在人身上指的會是什麼呢？

■軟實力增強個人品質

　　你在閒磕牙時、在茶水間，或是舞會裡，一定偶爾聽過類似的說法，說的同時大家面帶微笑敬畏地朝「他」或「她」的方向望去：「他或她是如此地有魅力／平易近人／有口才／精明能幹／和藹可親／風度翩翩。」我就曾經有過非常特別的經歷：在紐約生活的那幾個月，我感到特別地愉快。每天工作幾個小時、穿過中央公園慢跑一圈。在健身房、洗衣店和餐廳認識的朋友都離我的住處不遠，他們都是很棒的人，我覺得自己像個真正的「曼哈頓區人」。一天下午，我帶著採買的東西坐上回家的公車。車裡已經坐了幾個真正的紐約客，我一上車，他們的談話音量陡然變小聲了一些。有位年紀稍大的女士和孫女坐在前方靠近駕駛的長椅上，正在讚美孫女從學校帶回來的蠟筆畫。我和這位女士聊了起來。突然間，坐在四周的人也加入談話，我們傳看圖畫，你一句我一句地閒聊。在我下車之前，女士對我說，我在公車裡有著無與倫比的存在感：「你充滿了活力！」她認為僅僅因為我的在場和影響力，就將所有人的注意力都吸引到我的身上。這樣說當然很好，特別是對像我一樣的品牌顧問和管理訓練者來說：在開會、演講、訓練和教練、主持時，必須要得到大家全部的注意力。只有這樣我們才可以運用影響力和話語將訊息傳遞出去，散發能量與活力。

　　也就是說，這關係到能量，某種讓人變得受人喜愛、有吸引力，而且很特別的東西。這和人本身沒有太大關係，主要是和我們

如何覺察到人有關。我們無法具體想像從「有魅力」到「受人喜愛」所有這類的輔助詞背後所要傳達的意思。所以我們也使用這些輔助詞來表達自己的正面感受，同時掩飾無法確切描述它的無能。我們無法更清楚地定義感受，不過卻能夠感覺得到，對面這個人真的有豐富的知識和「硬」實力（他棋下得極為出色、他能流利地說五種語言、他會邊倒立邊用眼睛開一瓶啤酒……）的東西。而這個「東西」構成了個人品質和「軟」實力。事實上，人的「品質」比商品的品質更細緻、更錯綜複雜——換句話說，就是很個人化。而且人可以透過自我認識、批判性的觀察，以及目標明確的訓練認出、呼喚出、加強這些品質。還有最重要的是，運用這些品質帶來好處。

■內在與外在合而為一

至於包裝呢？人類的包裝紙、浮凸的印紋、標誌是什麼呢？這就可以具體描述了。我們大家畢竟都穿鞋、男襯衫、女襯衫、套裝和繫領帶、剪頭髮、修剪自己的指甲。此外，我們活動手腳、向前彎下身子，再直立起身、點頭和搖頭，這些是姿勢。我們皺起鼻子、驚訝時眼睛睜大、微笑、做鬼臉，這些是表情。外加許多其他方面，全部加起來就是人的包裝。這個和諧的全貌就成為別人預先相信我們的基礎：他們和我們交往、委託我們、愛上我們；或者什麼事也沒有發生。

然後，個人品質履行了包裝上的承諾嗎？兌現了別人預先投注的信賴嗎？我們的期望得到了滿足，也許甚至是超出了我們的期望嗎？現在有機會贏得一個終生的朋友、一個職業生活裡的顧客、一個愛情生活裡的情人。如果人的內在和外在所呈現出來的是一樣的，也就是說如果他是真實的，那就成功了。這是一個最棒的正宗品牌體驗：一個強大的品牌應該且必須是這個樣子！

> 「我們不需要對話，我們有面孔。」
> ——比利・懷德（Billy Wilder），美國製片人和導演
>
> 「我可以沉默的時候，為什麼要說話呢？」
> ——曼弗瑞德・布羅伊克曼（Manfred Breuckmann）
> （暱稱「曼尼」），在廣播電台擔任了35年德國聯邦
> 足球聯合會的運動記者，退休的時候如此表示

■包裝面向檢視

根據美國心理學家亞伯特・梅拉比安（Albert Mehrabian）教授的「7-38-55定律」，我們說的話帶來的效應只占7％。聲音的效應占38％，我們的「包裝」和其所有面向引起的效應則占了55％。（為此父母把我們送去接受多年的學徒訓練或是上大學唸書！）原來我很喜歡的「意味深長的沉默」（beredtes Schweigen）是有其根據的。儘管梅拉比安定律（Mehrabian-Regel）一再受到

質疑，不過這裡的重點不是在百分比率，而是在一個人的語言內容、聲音和非語言內容帶來的效應百分比率有明顯差距。由此可見：思索一下你的包裝種種面向是什麼、它們是否突出了你的個性，因此表達出了你的真實性；或者它們其實偽裝了你，圍繞著你構築出一個表象，而這也是一件很值得的事。此外也值得調整和增強每一個面向，使他人更能夠感受到你。

本節重點整理

- 人不是商品。不過，可以使一個商品品牌強大的工具和方法，也可以用來塑造一個強力的個人品牌。
- 一個品牌必須使觀感兩極分化，才能強大——不管是商品還是人都一樣。
- 你鐵定也有很特別的地方，值得花些力氣把它找出來。
- 這個「某種東西」使人變得特別。它是「有魅力」、「讓人有好感」等等形容詞背後具體的東西。
- 可以透過批判性的自我觀察，以及目標明確的訓練認出、加強個人品質，並且運用這些品質帶來好處。

我的三個想法

1. _____

2. _____

3. _____

建議行動

❶ 你為自己的7-38-55比例做了些什麼？請針對以下每一個要點寫下十個構成你的要素：

● 我說了些什麼並沒有對我的聽眾造成很大的影響？是談論工作上的事，還是談論私人的事？是談論度假時的經歷、家庭，還是對他人的評價、懷疑、羨慕和忌妒……

● 聲音對影響力來說非常重要，我的聲音如何？我曾經注意自己對自己聲音的感受嗎？它帶給人什麼樣的感覺？我是否想要改變它？我的聲音也許很嘹亮、很低沉、令人感到愉快、很粗、很大聲、很有侵略性、很悅耳、很尖銳……

● 至於身體語言的影響力最為重要。我如何使用臉部、背部、手和腳來加強我的影響力？什麼是我的寫照：下垂的嘴角、保持微笑、抬頭紋、稍微駝背、雙臂交叉、抬頭挺胸、腰椎突出、皺起鼻子……？

❷ 想想看三個你清楚擁護自己的立場，甚至堅持自己的立場，因此造成了觀感兩極分化的情況：

● 造成了觀感兩極分化，我感到愉快嗎？

● 撇開一切的努力和結果不談，我很高興沒有太早就放棄了嗎？

● 我願意常常採取這樣的態度嗎？

❸ 想想看三個你相當快就放棄的情況：

● 希望我當時更有鬥志嗎？是什麼阻礙了我？

● 我想要更堅定擁護自己的立場，使觀感兩極更加分化嗎？我可以怎麼做？

● 我想要在哪裡投機，並且保持投機的立場，因為覺得不值得花費力氣使觀感兩極分化？

「正確」並不夠：
為什麼最勤勞的蜜蜂輸了？

　　如果你總是將所有的事情做到正確，便不再多做些什麼了，那麼你將在某個時候發現，「正確」本身是不夠的。道理非常簡單，因為裡面少了很多使你成為非常獨一無二的東西，例如：全神貫注的態度、對非做到不可的事情懷抱的滿腔熱情、做特別了不起事情的勇氣。以上特質，你若是都具備了，對其他人來說，你就是那茫茫眾生中獨一無二的人，那個得到新工作、得到邀請，而且是別人會來請教的人。若沒有具備這些特質，那麼你就是個還缺乏具體特點的人，你的競爭對手太強大了。

■ 誰才能取得最後的勝利

　　也許你還總是特別地努力：一大清早第一個到達辦公室，晚上最後一個離開；總是把家裡打理得一條不紊；親切關懷別人，隨時隨地給予他人建議；總是把孩子打扮得整齊乾淨；馬上回覆每一封電子郵件；每次邀請客人來吃飯，總是端上最新式、最有創意的菜餚……唔，這樣做的你，每天晚上鐵定累癱了。

　　你早晚會理解到，不是最好的、最勤勞的、最強壯的、最好看的人獲得勝利，而是那些巧妙定位、呈現和推銷自己的人，才能獲得成功。舉例來說，在作家圈裡，大家照舊必須等候那位充

滿學究氣質，又不修邊幅的先生，他走路過來的樣子像極了「芝麻街」的哈斯提教授，每個人都覺得超可愛。大家根本沒有辦法對他生氣！在公司裡，審查部那位時髦的米勒小姐果真升職為「部長」，所有人也都覺得很合適，雖然她的辦公室經常髒亂如豬圈般，但那只會讓她看起來很有人性、讓人產生好感而已！在學校的夏日慶典裡，那對住在高級住宅區的模範父母總自以為是比大家更高尚，讓其他家長們受不了，一看到這個事事講究的家庭，大家心裡馬上浮現自己也許真的完全疏忽了孩子，沒把孩子管教好。

除了日常生活及工作之外，還是社區委員會、扶輪社，最好也是獅子會的一員；衝浪、滑雪、騎單車、爬山，星期日沿著河流溜直排輪的高手；歌劇院和當代美術館的促進協會的一員；小女兒托兒所與大兒子學校的家長會長；現在開始打高爾夫球，而且無論如何都要學會駕駛帆船（此外，再加上經營網路上、下班後派對、給30歲以上和以下者參加的人際網絡派對，同時還在馬爾地夫和斯里蘭卡的阿育吠陀〔Ayurveda〕潛水，並在社區進修學院學習中文）……換句話說，誰總是或到處出現，讓自己討人喜歡，誰就會很快地成為大家的達令。不過，你的一天也只有二十四個小時而已！

■找出自己真正的本質

　　如果你在以上這些描述中隱隱約約地、部分地，或是甚至非常清楚地看到自己，那麼很有可能你已經開始意識到，做的雖然不多，卻是真正想做的事，在大部分的情況下可以得到更多。除此之外，你也許也已經分身乏術，累得像條狗了。如果現在再來更多的事情，你可能會開始以為自己快要發瘋了。

　　所以，請找到你真正的核心、真正的原動力、真正的本質。本質的象徵在此不再是分量多，但味道淡的拿鐵咖啡，而是義式濃縮咖啡（Espresso），只要喝一小口，就能感受到道道地地、真誠、純粹、濃烈的滋味。尤其是，這與擁有更多的金錢與物質無關，而是知道自己想要和應該做什麼，才能使你的原動力活躍起來，讓人更能夠注意到你。這也會讓你走在一條能夠規畫，並且通往真正的滿足，更甚者，通往個人真正幸福的道路上。

　　個人品牌術幫助我們找出真正渴望的是什麼、真正應該投入的是什麼。你的本質，你的「濃縮咖啡」到底是什麼呢？尤其是，當你知道了自己的本質是什麼時——你如何將它發揚光大？

本節重點整理

- 打造品牌最主要是需要全心全意、熱情和勇氣，而不只是把所有的事情都做對而已。
- 做真正符合本質的事，比什麼活動都參與還要來得重要；做你真正渴望做的事，更能事半功倍。
- 你的本質、你的原動力應該活躍起來，讓人體驗到！

我的三個想法

1. _____

2. _____

3. _____

建議行動

　　想一想，你覺得自己曾在什麼樣的情況下被不公平對待，或至少是不受重視，沒有被注意到，在職場上和私人領域裡發生的任何事都算。舉例來說：你爭奪一個特別便宜的夢想住所時輸了，接到你特別想要邀請來參加派對的人奇怪拒絕，還有你多年栽培的同事現在不管三七二十一投入競爭對手的懷抱。

　　請針對每一件發生的事問自己以下的問題：

- 我付出了什麼？
- 為什麼我沒有得到想要的東西？
- 我的對手可能投資了什麼？他們可能做了什麼樣的舉動？
- 我可以從中學到些什麼，特別是根據「少即是多」的觀點？

個人品牌強力鮮明的好處

想像一下，你將所有構成你，以及你是什麼樣的一個人的要素丟進一個大漏斗裡——這些要素可以是你的知識、活動、職業、偏好和興趣、朋友和熟人、業餘愛好、體育活動、人際網絡、社會投入，以及更多更多。請一股腦地把全部都丟進去！漏斗滿到邊緣了。如果你閉上眼睛，「注視著」這個巨大、滿到邊緣的漏斗，你將會看到自己，一個小小的你，敬畏地站在漏斗前方往上看，伸長脖子，急於想知道現在可能會發生什麼事。接下來，「品牌碾磨機」開始工作了，碾啊碾、磨啊磨，將「品牌糟粕」和「品牌精華」區分開來。穀粒的外殼從漏斗上面飛出去，重要的東西留在裡面，愈來愈濃縮、愈來愈濃縮、愈來愈濃縮……也一定非得這樣不可，因為漏斗中央最窄的地方只允許很少東西通過，一如沙漏。那裡根本沒有位置給不需要的累贅。

■找出自己的品牌核心象徵

「品牌漏斗」就在這個最窄的地方將非常多的東西變成非常少，這可以和一小口濃縮咖啡（分量少又高度濃縮）相提並論，而不是一杯——咖啡店有類似的咖啡——中杯榛果蘇門答臘祕魯調豆烘培有機無咖啡因拿鐵咖啡（分量很多，但不知怎麼地難下定義）。這一小口濃縮咖啡嚐起來味道超級濃郁。當你看到這

杯正在冒著熱氣的濃縮咖啡時，口水都冒出來了。這一小口咖啡沖刷你的味覺，在舌頭上和味蕾遊戲。受體（Receptor）將這個不尋常的味覺饗宴傳送到腦袋。邊緣系統（Limbic System）在此接收到訊息，和頭腦其他的皮質結構與非皮質結構合作，判斷剛才出現了哪一種情緒：當它確定這和狂喜的一瞬間有關時，它建議你的大腦，將此訊息標示為「值得注意」，儲存在一個虛擬空間裡。同時間腦下垂體開始釋放荷爾蒙。由於這些荷爾蒙，你出現極其滿足的感覺，得以和世俗一切保持距離，不受限制，超脫一切，甚至體驗了一個真正的幸福時刻！之後，光看到電視廣告裡冒著熱氣的咖啡，或是咖啡廳隔壁桌的人捧著冒著熱氣的咖啡杯，就夠你感受到類似的舒暢體驗：舌頭嚐到濃縮咖啡的滋味、腦袋回憶起一切，荷爾蒙在真正享受咖啡之前就已經釋放出來了……[5]

要是你的品牌精華在其他人身上也能引起類似的感受，那就太棒了。換句話說，品牌核心等於濃縮咖啡，濃縮咖啡等於品牌核心。當你以品牌核心為基礎，多做一些真正需要做的事，少做一點次要的事，就更能預期得到滿足感，甚至是幸福感。如果你熱愛烹飪，應該能從熬煮了數小時之久的醬汁中體會到這件事：

5 參照：亞伯特‧梅拉畢安：《沉默的訊息：情緒和態度的隱性傳播》（Silent Messages. Implicit Communication of Emotions and Attitudes）。第2版。貝爾蒙特（Belmont）：威茲渥斯出版社（Wadsworth Publishing），1980年。

全部的水都不見了，都「收乾了」，還留在那裡的是高濃縮精華。這一小勺的醬汁使細嫩的肉和美味的丸子更加完美，只要一小口就足夠了，這正是精華——你的品牌核心象徵。核心位在品牌漏斗最窄的地方，沒有辦法再更縮減了。

■核心錯誤一切白費

　　愈少即是愈多：品牌核心！一個品牌的最佳效益！如果將核心蒸餾出來，它就是一切的開端；一如蛋的蛋黃，是整個品牌生活的開始。品牌核心是你在春天埋進表土裡的種子。你現在已經知道得非常清楚，你在秋天將會得到什麼樣的收穫，也清楚必須為此做些什麼，另一方面可以不後悔地把不需要的乾脆捨棄掉。擁有品牌核心的你，可以確信的是，會持續愛護與照料「品牌小植物」、給它澆水、一再修剪凋謝了的枝芽、使敵人不能接近它，且已預備好裝收成果實的方木箱，絕對是件值得的事。但也有可能發生這樣的狀況：你辛苦工作了很長一段時間，已經很期待採收好幾籃的蘋果，可是，最後樹上卻掛滿了梨子，這些梨子偏偏都很乾瘪、硬得像石頭。遇到這樣的情況，我們可以毫無疑問地說，你的「種子」，即核心，是錯誤的，你所有的工作都白費了。

　　品牌的「種子」存在漏斗最窄的地方。之後漏斗會慢慢再次變寬。品牌漏斗可以使「種子」充滿生命力，讓人可以感受到它、活躍它及體驗它。可是，請先做好計畫再說吧！從這裡開

始，全部都有合乎邏輯且合適的交接點，全部都可以以彼此為基礎往上構築。「種子」正是糕點師傅的烘培食譜、蓋房子所需要的設計圖、開車時用得著的地圖。

如果糕點師傅執行烤蛋糕計畫的方式如下：他直接出門，漫無目的地採買一些材料，回家後將全部材料混合在一起，若少了什麼，乾脆就捨去，最後憑著感覺將他的大作放進烤箱裡。這樣搞的話，有樣東西大概是做不出來的，那就是他最拿手的薩赫蛋糕（Sachertorte）。他原本是想藉由這個蛋糕贏得他最鍾愛的賓客讚嘆的。更糟糕的是：這也不會是一個黑森林櫻桃大蛋糕！最糟糕的是：這將會成為一個難以定義的不明物體！

■正確組成非常重要

要實現人生美夢的業主情況也很類似：時候終於到了，現在美夢應該要成真了！已經找好營造業者了、木匠迫不及待想要上工了、瓷磚也已經挑選好了。現在開始蓋房子了——一樓、二樓，上面再加一個屋頂。然而，瓷磚剛剛鋪好時，這個年輕的家庭卻開始有了一些疑慮：如果我們沒有地下室，搞業餘愛好活動的空間應該設在哪裡？太太正巧再次懷孕了，只有一個兒童房夠嗎？瓷磚對我們的預算來說不會太貴嗎？

為了讓所有這些事情都不會發生，糕點師傅有他可以找到的最好食譜：奶奶傳給他的食譜。它是圓形大蛋糕的「種子」。

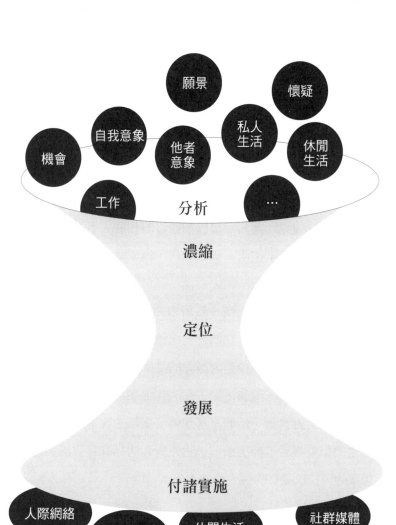

個人品牌術品牌漏斗將全部的東西集中在一個核心。核心是一切的開端。

糕點師傅像保護自己的眼珠一樣地保護食譜，因為有了它，他就是全城市薩赫蛋糕做得最棒的糕點師傅了。他的老顧客訂購比他能烤的還要多的蛋糕；蛋糕供不應求，每一塊蛋糕的價格水漲船高。業主要有建築師的藍圖才能蓋出正確的房子（藍圖是房子的「種子」）。建築師首先詳細詢問業主有什麼樣的期望，然後繪製具有不同重點、預算多寡不一的設計圖。業主和建築師及其他專家詳細討論設計圖，然後再和銀行的相關人員討論，最後決定：還是要蓋地下室和第二個兒童房，也要購買較貴的瓷磚，但是瓷磚不用鋪到天花板的高度。

所以，請將全部的心血、熱情和力量放在發展你的品牌上，尤其是正確的組成部分，它們會一起將你的品牌打造得具有個人特色、獨特與完美。然後全力讓你的品牌活躍起來，保留很多的心血、熱情與力量。因為，除了你的伴侶和最好的朋友之外，你周遭的人既不對食譜（他們全都想嚐嚐蛋糕的味道），又不對藍圖（他們想要體驗這棟房子），也不對你的品牌特質感興趣：他們想要的只是感覺你的個人品牌！

■積極展現出自己特色

有很多的企業，也有很多的人，都犯了只告訴我們他們如何的錯誤。在企業方面，他們白費勁地將嘗試要說的話框限在形象小冊子裡。第一頁的標題是：「能力透過改革」；第二頁的標題

是：「改革透過能力」，之後幾頁都是廢話。而在個人方面，則類似在筆記本裡羅列的特點，甚至是以口頭的方式告知，尤其喜愛以回答問題的形式：「你有哪一些強項／弱項？」在強項方面排名前三項的第一項的是：「我很有志氣！」第二項是：「我很認真！」第三項是：「我是一個很好的聽眾！」在弱項方面，第一項是（現在我乾脆就說吧！）：「我有時候有點沒有耐性！」第二項是（喔，天啊，我再也想不起其他的了）：「我有時候有點沒有耐性！」第三項是（救命啊，救我出來！）：「我有時候有點沒有耐性！」。

不要只是告訴，而是要：發揮你的品牌效果！表現出你是誰，你是一個怎麼樣的人！讓我們感覺到你，完完全全的。請在腦子裡以完全不一樣的方式書寫自己的形象小冊子：獨一無二、具備個人特色，就像是只有你才寫得出來一樣。請撰寫自己的宣傳廣告（你可以在本書從第208頁〈策略8：宣傳〉章節，慢慢熟悉宣傳廣告的寫法）。你的宣傳廣告應該要將自己的本質呈現出來，而不是滿紙不著邊際，充滿空洞的言詞。還有，在採取的措施方面，如果你的品牌應該成真的話，那麼它和其所有組件必須到處讓人看見。這使你變得清楚具體，讓人可以感受得到。所有可以實現你的品牌的舞台，隨著時間的推移，將變得更有價值。有無數的方法和措施，可以讓你的品牌特質成長茁壯。當然，這些方法很多是多餘的，也有很多是不錯的，有些對你來說簡直是

很理想。隨著時間過去，你將知道自己需要什麼，值得將時間和力氣投資在哪裡（金錢，有時候是汗水，甚至眼淚也極有可能）。個人品牌術的成功策略會幫助你獲得這些「認知」，你可以在本書裡到處看到這些成功策略。

■小心謹慎完成個人計畫

你將看到：由於你的品牌，有了烘烤非常個人的品牌蛋糕食譜，有了建造非常個人的品牌房子藍圖，有了在品牌高速公路上通往你非常個人的目標的護欄。因為你的品牌，你不會不加思考地直接烤蛋糕、蓋房子和開車，不會做你臨時想起的事情，不會搖擺不定。取而代之的是，你將和麵包師傅與業主一樣，充滿熱情且小心謹慎地努力完成你非常個人的計畫。你的心為這個計畫每天跳超過十萬下。這個計畫的名稱就叫作：「我的人生」。

本節重點整理

- 個人品牌術品牌漏斗協助你找到自己的本質。
- 請和麵包師傅和業主一樣行事：先有食譜／藍圖，然後有計畫性地開始做！
- 品牌核心協助人們做更好的規畫，提高得到滿足感，甚至是幸福感的可能性。
- 當核心被找到時，將會得到進一步的擴充，變得更具體，讓人可以感受和體驗到它。

我的三個想法

1. _____

2. _____

3. _____

建議行動

❶ 想想看，你可以真的談論自己什麼，而不流於陳腔濫調：

- 三個我特別強的事情，
- 三個我真的不行的事情。

❷ 異想天開是允許的：你對自己的強力品牌有什麼樣的期待？你的品牌可以讓你釐清什麼事情？試著回答以下的問題：

- 具備強烈的個人品牌能帶給我什麼好處？
- 我投資力氣和時間在發展我的品牌，事後在哪一些方面可以具體證明這樣做是雙倍或三倍值得的？（請考慮到反覆出現的事情、不想再次經歷的棘手情況，以及即將做的決定。）
- 當我擁有品牌的基礎之後，我可以在哪裡發揮我的品牌，讓周遭的人都能感受和體驗到它？

個人品牌帶來安全感

你正開車在法蘭克福往慕尼黑（München）的高速公路上：你受邀參加一個遠房親戚的慶生會，雖然好久沒有聯絡了，但你還是開車前去！車子左右兩邊是公路旁的護欄。你專注於眼前的目的地——慕尼黑！還有300、200、100公里。愈來愈接近目的地了！你一直在公路上，在「護，欄」之間（因為有「保護」作用，故得此名）。你可以快快開或慢慢開，往左開或往右開；你可以超車或被超車；你可以在半路上順道載某人一程或讓某人下車。你持續不斷地滿足自己的需要（和車子的需要）：休息一下、讓孩子嬉鬧玩耍一下、吃東西和喝東西、上個廁所、看地圖找路、加油、重新加滿機油和擋風玻璃清潔液……你甚至可以在途中過夜。你為什麼做這麼多事情？當然是為了到達你的目的地。因為你想要去慕尼黑，而且很期待！你想要一到那邊就馬上和孩子去參觀德意志博物館（Deutsches Museum）；如果孩子不在身邊，就到馬克希米利安街（Maximilianstraße）閒逛。要是現在車子半路拋錨了，那就太糟糕了。現在想像一下，你終於準時且平平安安地到達慕尼黑了，你先是問自己，然後問汽車衛星導航系統，接下來要開往哪個地方。結果是：你搞錯地方了，你其實是應該前往敏斯特（Münster）的！有人在那裡等你，而你人卻在上巴伐利亞邦（Oberbayern）！現在還要再開650公里的車，孩子

哭鬧不停，你的神經幾乎崩潰了。這你絕對做不到！

■ 往目的地堅定前進

現在請發揮一下想像力，將這個故事套用在這個非常重大的事情上——你的人生。對未來的人生，不管是在工作方面還是私人方面，你都有或多或少清楚的目標。有一定的框架條件，和無數的方法能夠幫助你達到目標：你的人生交織著「高速公路」；每一條公路都從A通往B。不過，你的A在哪裡？你的高速公路是哪一條？還有你的B在哪裡？你不想走鄉村公路嗎？或者你想要馬上就坐火車，坐火車讓人不那麼緊張。也許你因為選擇太多，不知道如何做決定，寧可留在家裡，享受清靜。你的個人品牌就把所有這些重大的考慮（啟程或是留下？）、所有的方法和措施都裝進了人生的框架裡。你的品牌就像敏斯特（你真正的目的地），就像高速公路和護欄（你前去的路），就像中途休息和重新加滿機油。它是為了讓你真正到達目的地所需要的所有行動措施。你的品牌負責讓你不會在開了三分之二的路程之後突然寧可開往哈瑙（Hanau）；讓你什麼都不會忘記；讓你擁有走自己的路，也到達目的地的力量。

尤其是，品牌給你在做想做的事時會愈做愈好的自信，讓你實現更多的願望，好還會更好。面對廣大市場提供的形形色色進修管道，哪一個對你來說才是正確的？市場上充斥著那麼多最有

意義和最沒有意義的進修選擇，你只見林不見樹；只見整體，不見局部。迫不得已時，人人都想要成為訓練者或教練（符合時代精神），雖然他們可能是更好的行醫者或脊椎指壓治療者——或者是剛好相反；人人都搞神經語言學編製程序，還學一、兩個外文，塞爆社區進修學院……

■更自信、更自由

　　當然，對很多人來說，擁有駕駛執照是有意義的。不過，對某些人來說，也可以是沒有意義的。他們避免開車，選擇坐火車或飛機到慕尼黑。他們從受限的機動性得到教訓，選擇住在市中心。那麼他們就可以坐公車和電車到各處去，有時候就搭計程車（相反地，有些人沒有駕駛執照，卻搬到鄉下去，還可能因此抱怨坐公車和坐火車有多麼不方便……）。你應該擁有駕駛執照，只是因為大家都有？或者，這一點也不符合你的人生規畫、個人品牌？每個人都必須獨自為自己做決定，然而面對過量供應的課程和證書，為自己做決定並不容易。因為，一方面大環境的經濟成長狀況並不是那麼地樂觀，取得的證書不見得能派上用場；另一方面我們大家不斷受到親愛的親戚和最好朋友的好心建議左右，他們大家對我們如何加強自己在人生道路上的「馬力」總是有個好主意。

　　換句話說，在你上一堂口才課或身體語言課之前——在此也

可以任選和語言、聲音、經營人際網絡、氣功、營養學、神經語言學編製程序、風格和禮節、使命、銷售等等有關的課程——如果你已經有了生命藍圖、烘培食譜、護欄，當然是最好不過了。你的品牌將賦予你安全感。它讓你在人生規畫的基礎上，可以更清楚地感覺什麼是自己基本上想要的，讓你活得更有自信、更自由，不用常常向左、向右偷看別人在做什麼，並且對別人的好心建議不會沒有抵抗力。

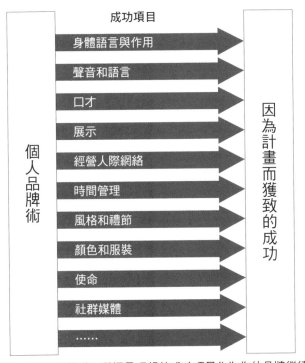

個人品牌術的基礎：選擇最理想的成功項目作為你的品牌繼續向前的培養基礎。

本節重點整理

- 你的品牌讓你實現訂下來的目標。
- 因為你的個人品牌，你知道自己還想要實現什麼。它讓你有自信地選擇自己的進修方向。
- 作為強力的個人品牌，你將活得更有自信心、更自由。

我的三個想法

1. _____
2. _____
3. _____

建議行動

想想看，你的個人品牌在哪些方面可以給你帶來安全感：

- 我其實很想將全部活動中的什麼捨棄掉，只是我（還）不敢？
- 在哪些事情上，我想要更加確信自己在正確的時間做正確的事？
- 我的內心深處想要在哪三個方面真的做得更好（更確切地説，不是因為某人期待我做這些事，而是我真的想要這樣做）？

建立強力個人品牌的兩個基礎

在我的演講和討論課程中，總是會強調兩件在發展一個真正且長期有所成效的個人品牌時特別關切的事。我會先和聽眾及「被教練者」（Coachee）（我們如此稱呼一個「教練」〔Coach〕的顧客）討論以下兩件事，然後才會更深入主題：

1.請把自己視為一個完整的人，就像把別人視為完整的人一樣！

當我們認識一個人，思索對他是否有好感時，會從他給你的印象給予評價，包括：包裝、聲音、表情和手勢、言語、味道……等等。尤其重要的是，千萬不要將印象簡化成只有「職業」一項。在我們文化圈裡，都傾向這麼做，那是因為我們主要透過職業來定義自己。如果你在某個派對或美術展覽會的開幕式詢問一個剛剛認識的人：「您是誰？」他會怎麼回答？這個人首先會回答：「我是杜塞朵夫一個較大型社團辦理專利問題的律師。」或：「我有一個家具木工廠，專門製作給位在阿爾卑斯山北側山麓地區鄉村別墅的全木家具。」他很少會說自己非常酷愛收集蘭花，或上個星期六在哈瑙市禮堂參加騷莎舞比賽（Salsa），得到金舞針獎章（Goldene Tanznadel），或者是他剛要為兒子組裝一輛會有真正濃煙從蒸氣火車頭冒出來的模型火車。

為什麼不聊聊私人生活呢？只有差不多二分之一的人有職業生活，但肯定每個人都有私人生活！更有意思的是：由於我們都喜歡在私人生活和職業生活上扮演非常不同的角色，被教練者和學員常常問我，他們是否也可以發展兩個品牌。我總是勸阻他們，因為發展兩個品牌一點意義也沒有。取而代之的是，請用整體的角度來看你自己，讓你的品牌成為所有構成和所有推動你的基礎，不管是在哪一個生活處境和情況都一樣。並且，當有不認識的人問你是做什麼的時候，你給予蘭花、金舞針獎章、模型火車方面的答覆。聽者的反應將會很美妙！

■2.追求比更快、更高、更遠還要多的東西！

一如我們喜歡透過職業來定義自己，我們也喜歡無意識或有意識地把自己的追求縮減侷限在理性層面上：升遷發跡、賺更多的錢、蓋更大的房子、到更遠的地方旅行……在一個像我們這樣的資本主義社會系統裡，這些通通都是合法的目標。然而，在個人品牌術，以及發現和遵循真正原動力方面，關係到的不只是理性層面的滿足，而是更多。我認為這主要是關係到心和感覺，也就是情感層面的滿足。它甚至還關係到更多──關係到有時候真的感覺到「最大的財富」，也就是大家都喜歡談論的、追求的，但我們很少感受到，且根本無法施魔法召喚過來的東西：幸福。

什麼是「幸福」？瑞士的概念藝術家佩特‧費胥里（Peter

Fischli）和大衛・懷斯（David Weiss）以讓人非常感動的方式闡述。在他們的書《幸福找到我嗎？》裡，他們提問：「七很多嗎？」「我是我的靈魂睡袋嗎？」「如果我不在自己的家裡，誰在那裡？」[6]這是我最喜歡的三個問題，為我日常生活的理智層面開啟了另一個世界。在這個世界裡，我找到對自己、對他人、對世界提問的可能性。也一點一點地接近我對幸福的個人想像，即使不能計畫幸福，也能夠讓幸福變得更有可能。

誠實面對自己的慾望

　　格林童話《漁夫和他的妻子》，對我們人類，至少是我們之中大部分的人，一些普遍皆有的性格有著令人印象深刻的描述：漁夫和他的妻子依色比（Ilsebill）住在一間破爛的小屋裡。有一天漁夫抓到一條比目魚。這條比目魚是一個受魔法詛咒的王子，牠請求漁夫留牠一條生路。漁夫放牠走，讓牠自由。當漁夫和妻子說起這件事時，妻子問他為什麼釋放王子時沒有用一個願望來作為交換。她逼迫丈夫請比目魚送他們一棟真正的房子。這隻魔法魚實現了他的願望。然而依色比仍然不滿足，一再逼迫漁夫向比目魚要求更大和更漂亮的東西。其實漁夫擁有一棟真正的房子就很開心了，可是他還是屈服於他那毫無節制的妻子。妻子首先要

---

6 佩特・費胥里和大衛・懷斯：《幸福找到我嗎？》（Findet mich das Glück?）。第四版。科隆：華特・科尼西書局出版社（Verlag der Buchhandlung Walther König），2007年。

一座王宮，然後要當女王，然後是女皇，最後要當教皇。不過當她想要當神的時候，忽地一下，他們兩人又坐在原先的破爛小屋裡了，直到今天還是如此。由此可見：即使人們終於將屋頂上的貓咪引誘了下來，也抓住了牠，貓咪有一天找到漏洞逃脫的風險仍然是很大的。到時候，到手的鴨子早就已經飛走了。

維爾訥・堤吉・庫斯騰瑪荷（Werner Tiki Küstenmacher），這位新教牧師和暢銷書《簡化你的生活》（Simplify your life）的作者，在他的書《耶穌奢侈》裡對這點有令人印象深刻的描述：特別是專注在我們不會的事、我們沒有擁有的東西、我們還沒有達到的事，是「一條沒有終點的螺旋線，同時是 ·個非常有效率的方法，讓自己持續不開心，也使別人的人生跟著遭殃」[7]。為了不要這樣，庫斯騰瑪荷建議，發現自己生命的財富。他把它稱為「耶穌奢侈」。你要如何稱呼它呢？

誠實面對自己吧！你的體內也存在著一個漁夫，他知道自己可以因為什麼而感到快樂；然而，你的體內也住了一個小小的依色比，她有時候並無法從生命的瓊漿玉液中得到足夠的滿足。儘管在「人生塑造」和「人生規畫」方面，沒有「許可」和「禁止」這回事，卻有對你來說特別合適的人生計畫，以及最好的解

---

7 維爾納・堤吉・庫斯騰瑪荷：《耶穌奢侈：真正浪費人生的藝術》（JesusLuxus. Die Kunst wahrhaft verschwenderischen Lebens）。第二版。慕尼黑：科澤出版社（Kösel-Verlag），2008年。第34頁。

決辦法。

心之所向就是幸福

　　我有一個學員，30歲左右，最近跟我說了一件非常有意思的事：不折不扣來自鄉下的他，此刻正住在倫敦，在金融業工作，較不受經濟波動和經濟危機的影響。這個男人完全懂得生活在倫敦碼頭區（London Docklands）、南肯辛頓（South Kensington）、參加俱樂部、坐商務艙飛行，以及在杜拜七星級的帆船飯店（Burj al Arab）進餐的價值。但是有一天他像繳了械一樣誠實地說：「我現在滑雪度假時都住在四星級飯店，旁邊有一間五星級飯店。」他也很想住一次那間飯店。可是要付出什麼樣的代價呢？例如：他在辛苦工作一天之後，累倒在位於倫敦的小公寓裡，爬不起來，而且還得和別人一起分租小公寓？他雖然覺得這個城市很棒，但是比起一般的週末觀光客，他更少拜訪那些極好的劇院、博物館和跳蚤市場？生命裡應該有比「擁有全部」還要多的東西？這位住在倫敦的男人正在思考，轉向的正確時機是否已經到來了，他是否應該接管爸爸那位於故鄉的公司。全部都不一樣了；沒有更對，也沒有更錯，這不是數學。然而對他來說，能夠清楚地感覺自己的心之所向，也許是更好的。

　　你對「滿足」，或甚至「幸福」，有著非常個人的想像，和我對「滿足」和「幸福」的想像是不一樣的。你獲得「滿足」

和「幸福」的途徑也是非常個人的。你在發展自己品牌的基礎時，個人品牌術應該給你啟發，讓你一再感覺這個通往「滿足」和「幸福」的方向。請在做什麼事情之前優先問問自己的心和感覺吧！心和感覺特別知道你需要什麼，才能達到平衡、感受到滿足，並且感到幸福。（腦袋反正總是參與決定，一定是不會吃虧的！）

長話短說：歡迎來到你選擇的人生！

本節重點整理

- 對一個陌生人來説，知道你是怎麼樣的一個人，比知道你是誰和做什麼更富有啟發性。
- 個人品牌在職業生活和私人生活裡都沒有差別，因為一個人只能有一個表示其特質的品牌。
- 主要是心和感覺告訴你如何才能獲得滿足。
- 知道自己真正想要的是什麼，至少可以更進一步地計畫幸福時刻，提高幸福時刻來臨的可能性。
- 更多、更大、更高貴，是非常合理的目標。只不過是要付出代價的──要付出辛勞，承受精神壓力，同時犧牲一些東西，才能夠得到的。
- 在選擇你要過的生活之前，請先看清楚其他的可能性，然後以很大的熱情作出抉擇。

我的三個想法

1. _____

2. _____

3. _____

建議行動

❶ 下一次有人問你：你是誰，你做什麼時，請給一個完全不同的答案：給一些帶有私人色彩的答案，談論自己的家庭，聊你最著迷的愛好。在談論這些的時候，眼睛散發出來的光彩，極有可能強調你的說話內容。就看看和你對談的人如何反應了：他把視線轉過去？他的眼睛也散發出光彩，很有興趣地繼續提問？你事先準備好以下這些問題的答案：

● 我正在做什麼和我的工作沒有關係的事情？

● 我和我的伴侶／我們的家庭裡目前正在做什麼？

● 我的周遭有什麼重大的和有趣的事件？我要如何特別生動地敘述這些事情？

❷ 探尋你的「滿足中樞」在哪裡：你的體內這個對身心健康如此重要的區域需要哪一些「食糧」，才能散發出舒適平靜的感覺？你對自己提出以下的問題：

● 我需要什麼物質上的東西，也就是好東西，才能感到滿足？

● 我需要哪一類的人，才能在情感上得到滿足？

● 滑雪度假時住五星級飯店對我來說是一個原動力嗎？值得用超時工作和犧牲一些東西來交換嗎？

● 我曾經和童話裡漁夫的妻子依色比一樣有類似的想法，或甚至

採取類似的行動嗎？

● 我在哪一個位置，做什麼樣的事情時，真的感到很幸福？這與什麼有關？和寧靜、周圍的人、腎上腺素、大自然、理想主義、忙碌、難得的孤僻……有關聯。

商品品牌與個人品牌的差異

人確實不是商品。所以你在進行品牌發展工作時,應該思考以下的差異:

1. 人可以主動、自主地設計和實現自己的品牌。相反地,巧克力條不行,它是被動地被做成品牌的。如果你能夠意識到這個優勢,並且運用它,讓它給你帶來好處,那就太好了。在此沒有一個所謂最理想的成果,對你來說,最理想的成果不如說是在品牌發展過程結束的時候。因此,請將本書視為旅館提供的美味自助式早餐:從早餐吧中拿取你真正喜歡和需要的東西。這也是你建立個人品牌時應該採取的方式。為了讓你精力充沛地動身前往選擇的人生,我們在此提供的主要組件是獨特賣點、競爭優勢、重要性、社會貢獻、主要主張……。在你樹立品牌的過程中,我們還會再詳細地說明這些組件。

2. 人會變老(好一點的說法是:人會成熟),巧克力條則不會。巧克力條在接下來的世代仍會一再找到嗜吃甜食的新朋友,而我們則會逐漸喜歡上可可粉成分高的巧克力,甚至白蘭地酒心巧克力。意思就是說,永遠年輕的巧克力條只需符合它總是一樣年輕的目標群變動趨勢和時代潮流,並且持續不斷地稍微調整它的品牌就可以了。和巧克力不同的是,我們人類會改變愛好

和目標群。有一些人事物隨著時間變得較為重要,這是我們之前從來沒有想過的。而有一些人事物變得比較不重要,這也是我們之前從來沒有想過的。例如小酒館、壽司、在國外待幾年、泡沫派對、在週末工作,也許就會讓位給寧靜、里爾克[9](Rainer Maria Rilke)、帶皮的熟洋芋配酸奶酪吃、星期六晚上貓咪躺在我的肚子上、不用工作的週末。或者是諸如此類的事情。

■個人品牌是有生命的

在這樣的一個自然轉變中,很好的是,如果你的品牌特質就是你,一直是你,那麼你的品牌特質就承受得住整個轉變,不用一再受到改變。否則就經常會有品牌改革的情況發生;一如在改革方面很尋常的是,一切都將蕩然無存。之後你就必須重建一切,付出真實性、可信度、力氣、精神、時間、心血、汗水、眼淚、金錢的代價。另外一個較好的品牌改革途徑是:前進的方向不變,不容更改的因素比如原動力和使命、大目標及主要的措施也維持不變,只有部分目標、某些愛好、優先順序和願望改變。這樣的改變是非常自然的。而且一個謹慎打造出來的個人品牌,將會給予圍繞品牌核心的各項因素持續調整的空間。你的品牌是有生命的,正如同你一樣。

---

9 譯註:里爾克(1875〜1926):20世紀重要的德語詩人。

本節重點整理

● 想要成為一個強力品牌,就不能迴避一些主要組件。

● 你可以主動成為品牌,商品沒有辦法。請好好利用這個機會!

● 審慎且有遠見地打造的品牌,具有轉變和調整的空間。但其強力核心一輩子維持不變。

我的三個想法

1. _____

2. _____

3. _____

2

品牌塑造計畫

現在，你的個人品牌組件來了。從這裡就要準備開始你的兩年期限！

接下來不是要創造你「是」什麼品牌，而是要創造你「應該」是什麼品牌。因此不要想著今天，應該要想著明天：

● 我在兩年後將代表什麼？

● 到時我會有什麼樣的定位？

● 到時人們會如何注意到我？

● 到時我的獨特賣點是什麼？我的社會貢獻是什麼？

● 到時周圍的人對我會有什麼感覺？

請之後在打造你的強力品牌組件時，將以上這幾個問題謹記在心。（如果你將「我在兩年後」這幾個字以粗體的方式寫在一張大紙上，然後再將這張紙掛在你的品牌牆最上方，效果會特別驚人。）

品牌三角形

　　根據第40頁的定義，一個商品是強力品牌的先決條件有哪些？尤其是根據第49頁稍微修改過的定義，一個人是強力品牌的先決條件有哪些？其實根本沒有那麼多的先決條件。在我們公司喜歡用「品牌三角形」來說明根本的先決條件。這個模型相當地簡單，在它的三個角，我們可以清楚看到一個品牌之所以強大的主要原因是什麼。

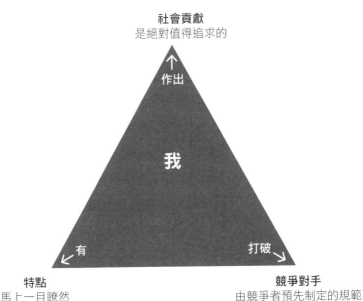

品牌三角形適用於商品，也適用於你。

■第一個角──特點：你有什麼獨特賣點？

品牌專家常常掛在口中的名詞「獨特賣點」（Unique Selling Propositon），指的是比對手商品優異的地方，是別的商品所沒有的「某個東西」，例如將一塊巧克力變得很獨特，讓它在一堆口味的巧克力中脫穎而出。

巧克力的獨特賣點可以是什麼呢？是來自委內瑞拉高原，用手挑揀的、最優質的克里奧羅（Criollo）可可豆？是花費極長時間攪拌，口感特別柔細？是用辣椒甚至微量上等法耳次肝腸做成的巧妙內餡？或者獨特賣點只限於包裝，例如：力特律動巧克力（Ritter Sport）可再次封口的包裝設計？

獨特賣點並不容易找

找到一個明確的獨特賣點，是品牌和行銷最困難的部分。以下情況例外：拉鍊（獨特賣點：將沒有鈕扣和扣眼的衣服快速、密不透風、持久地拼合在一起）、鞋子的魔鬼氈（獨特賣點：穩穩地固定住，可以一再簡單地打開和黏上）、輪子（獨特賣點：可以把它固定在很重的物體下面，輕鬆移動物體），除此之外還有德莎強力雙面膠帶（獨特賣點：黏得牢牢的，可以不留殘渣地再次去除）和迴紋針（獨特賣點：把紙張固定在一起，而且可以毫無困難地再次取下）。這些都是真正的「先驅」（First Mover），換句話說，就是第一次讓使用者可以做到以前從來沒辦

法做到的事情。

那麼人的獨特賣點，人真正的或主觀想像的獨特賣點是什麼呢？這並不怎麼容易找到，除非你是：

- 帕沃‧魯米（Paavo Nurmi）：有很長一段時間跑得比世界上任何一個人都要快（一個理性的獨特賣點）；
- 烏爾里克‧邁法特（Ulrike Meyfarth）：有很長一段時間跳得比世界上任何一個女人都要高（也是一個理性的獨特賣點）；
- 甘地（Mahatma Gandhi）：是博愛主義者（一個感性的獨特賣點）；
- 艾卡爾特‧封‧賀爾胥豪森博士（Dr. Eckart von Hirschhausen）：個性很風趣（也是一個感性的獨特賣點）；
- 某個被紀錄在金氏紀錄裡的人：這樣的你也可以是在某件事情上做得最好的人（一個常常沒有意義的獨特賣點）；
- 你的鄰居：他可以把車庫入口處用高壓清洗機清潔得一塵不染、亮晶晶，沒有第二個人可以與之相比（一個肯定是沒有意義的獨特賣點）。

找出最有說服力的特點

如果你既不是在理性的獨特賣點那一邊，也不是在感性獨特賣點這一面，如：最偉大、最好、最受歡迎、最快，那麼要找

到你的獨特賣點根本不容易。其實我也不是什麼厲害的人，也沒有一個真正的獨特賣點。不過我巧妙運用自己的特點，讓我與眾不同；換句話說，就是讓人們注意到我的時候，感受到我的特別之處。所以，當我和委託者一起發展他的個人品牌時，我不會把USP稱為他的獨特賣點，而寧可稱之為他的特點。我可以跟你打包票：要找到你的特點絕對不是不可能，尤其是持續不斷地研究這個主題的同時，要找到你的特點甚至一點都不困難。

當貝克啤酒（Beck's Bier）要進攻美國市場時，要找到它的商品特點並不困難。然而，貝克啤酒並不是第一個進口到美國的啤酒，它在外國商品中不算是「先驅」（「先驅」是海尼根〔Heineken〕）。貝克啤酒也不是第一個從德國進口到美國的啤酒（那是獅牌啤酒〔Löwenbräu〕）。所以，貝克啤酒的品牌智囊團雖然找不到他們啤酒的獨特賣點──怎麼找得到呢？既不是第一個從外國來的啤酒，也不是第一個從德國來的啤酒，而且啤酒就是啤酒，無法標榜是根據「純度規定」釀造出來更純淨的啤酒。但他們還是找到了這個最有說服力的特點，內容如下：「您品嚐過在美國最受歡迎的德國啤酒（＝獅牌啤酒）。現在請品嚐在德國最受歡迎的德國啤酒吧！」[1]正中目標！在這期間，貝克啤酒在美國創下所有來自歐洲啤酒種類中第二高的銷售額。

如果你也「只是」律師、母親、鄉親、業餘運動員、計程車業者、投身政治者、愛好健行者、建築師……，那你要如何也找

到一個如此有效的特點呢？針對這點，我們之後還會再回頭詳細解說。

■第二個角──規範：你有足夠的競爭優勢嗎？

如果市面上已經有巧克力具備的獨特賣點和新上市的巧克力類似，那麼這個新上市的巧克力想要成功則變得很困難。因為它無法超越前面的標桿，無法越過那個所謂的「規範」，也就是很多競爭者已經預先設立一個規範在那兒了。之後它的定位不如說是「可被替換」、「無足輕重」或是「它是，我也是！」（me-too!）：

● 我也是口感滑順！
● 我也有整顆的杏仁！
● 我也是紫色的！

誰會記得第二名！

這樣的商品對你有吸引力嗎？你會馬上買嗎？老實說，它對我沒有吸引力，我也不會馬上買。所以，十個新商品中有九個在

---

1 艾爾・賴茲和傑克・區特：《二十二個無法推翻的行銷戒律》（Die 22 unumstößlichen Gebote im Marketing）。柏林：愛康口袋書出版社（Econ-TB），2001年。第67頁。

一年之後就消失在貨架上了。因為它們也沒有其他商品缺乏的東西，它們不比其他商品有優勢，我們當然沒有購買它們的理由。

人也是一樣的。因此我們被要求要成為第一名，也被要求要欣賞第一名，不管在什麼事情上都是一樣。所以你有可能知道：

- 阿姆斯壯是第一位登陸月球的人。但誰是第二位？（愛德溫・艾德林〔Edwin Aldrin〕）

- 西德獲得1974年世界盃足球賽的冠軍。但哪一個國家是亞軍？（荷蘭）

- 艾德蒙・希拉蕊（Edmund Hillary）第一個站上聖母峰頂峰。不過誰第二個站上聖母峰頂峰？（丹增・諾蓋〔Tenzing Norgay〕）

- 你的兒子在很久以前在哪一個隨堂考試得到最好的成績。但他什麼時候得到第二好的成績？

- 你的太太被表揚為最成功的銷售員。但她在哪幾年是第二名最成功的銷售員，而你甚至沒有因此擁抱她和親吻她呢？

永遠被遺忘的第二名

「當第一名」是我們的天性，而且不只是在運動上，在工作上就更不用說了。我們甚至也想在私人生活中當第一名，特別是在我們愛上一個人，想要得到這個非常特別的人青睞的時候：我們突然買花、親手做飯、幫忙開門、把呵欠壓下去、在用鋼筆

寫的信上灑香水……之後當收到簡訊告知，我們在求愛的過程略遜一籌，不過還是得到值得欽佩的第二名的時候，我們難過到想要馬上鑽回媽媽的肚子裡去。這很可惜，但世界就是這樣。在我們這個世界，賽前眾人宣稱有奪金希望的運動員，在奧運中卻得到了第二名，當報社記者在這場偉大的「失敗」後馬上伸出麥克風，想要紀錄這個巨大的失望時，運動員根本沒有笑的餘地。幾年之後，只有還知道內幕的人、「打破砂鍋問到底」[2] 的比賽者和「誰會成為百萬富翁？」[3] 的候選人認識這位偉大的失敗者了。

　　為了成為第一名，我們必須了解競爭對手。如果我們不了解他們，也必須至少可以評估他們。在商品方面，行銷人員可以用出色的市場調查，在質與量方面都有；閉著眼睛品嘗、針對電視廣告的效果測試等等評估對手。但放在人的身上，我們沒有辦法這樣做。不過，如果我們有意識地觀察情況，仔細地感覺，就可以評估出競爭對手的發展動向。

■第三個角──社會貢獻：你的功效也一樣清楚嗎？

　　具有最好銷售特徵的商品，只有在成為它的「粉絲」，也就是目標客層的渴望時，才是最好的。只有盡可能多的人對巧克力

---

2 譯註：「打破砂鍋問到底」（Trivial Pursuit）是一種問答遊戲。
3 譯註：「誰會成為百萬富翁？」（Wer wird Millionär?）是德國一個益智遊戲電視節目。

所謂的「功效承諾」感興趣、受到它的吸引──它滿足一個長久懷抱的夢想、它特別切合某個需要、它讓生活更輕鬆愉快……，巧克力才擁有必然的重要性，受到重視。

仔細觀察商品功效

一塊巧克力的功效是什麼呢？它有什麼樣的重要性？人們說，巧克力讓人感到幸福。我們的潛意識也這樣說，特別是感到壓力很大或傷心的時候。最近有人說，巧克力不會造成肥胖。這也是一個功效，只是方向正好相反。巧克力可以讓孩子開心。阿姨們和叔伯們，當然爸爸媽媽們也知道，一塊直接從超市收銀台旁貨架上取下的巧克力可以引起什麼樣的反應。行銷人員稱這個帶來高營業額的地方為「衝動區」，或也稱為「哭鬧區」：在這個地方，所有躺在架子上，充滿了誘惑力的東西都位在孩子鼻尖的高度，讓孩子衝動起來，開始哭鬧，最後很方便地就抓取東西，而正在忙著數算零錢的媽媽們或爸爸們實在是煩不勝煩了，只好把商品一起結帳。至少這個商品讓孩子安靜下來，平和狀況維持到我們去過肉舖和修鞋店之後！各位，這也是巧克力的功效之一……

在此列出我們之前觀察過的商品的功效：

● **拉鍊：** 節省時間，操作更簡單，我們比較不會受涼；

- **魔鬼氈：**對小孩、年紀較大的人和生病的人（還有懶人）來說特別好；

- **輪子：**可以更輕鬆地從A到B移動搬運（太）重的物品；

- **德莎強力雙面膠帶：**不用鑽孔，圖畫和海報就可以總是掛得直直的，且把圖畫和海報取下時，牆壁不會受損；

- **迴紋針：**紙張完好無損，我們不需要使用其他工具來把紙張固定住。

有了特點還要具備重要性

　　不過，在人方面，我們不說「功效」，而寧可說「貢獻」——談談你對社會的貢獻，你對社會的貢獻賦予你重要性；而你的社會貢獻是什麼呢？你在別人的回憶裡留下什麼樣的印象呢？當話題落在你的身上時，人們會談論你什麼呢？他們也許甚至會說你的故事——「說故事」（Storytelling）是個人品牌術一個建立身分的利器（詳見後文第194頁〈策略7：辨識度〉）。

　　我們回頭來看看之前觀察過他們特點的人，他們的社會貢獻是什麼：

- 帕沃・魯米：跑得很快的人，在1920年代把不同的民族連結起來，鼓舞了大家。

- 烏爾里克・邁法特：跳高者，讓德國人感到驕傲。

- 甘地：博愛主義者：讓我們感到幸福——並且，我們今日只要想到他，仍然感到幸福。

- 艾卡爾特‧封‧賀爾胥豪森博士：個性風趣的醫生，讓病人（特別是喜歡讓病童）開懷大笑。

- 金氏紀錄裡的紀錄保持人：是在某件事上做得最好的人，可是他們並不會真正讓我們感興趣；因為他們對我們沒有什麼重要性！

- 把車庫入口處用高壓清洗機清潔得一塵不染的鄰居：也不會真正令我們感興趣；他也沒有重要性！

由此可見：即便是最好的特點，但如果不具備重要性，還是一點用處也沒有。沒有特點，也就沒有重要性，反之亦然。全部都有關聯，一切環環相扣，就如同生命裡常常發生的事一樣。品牌三角形的情況也是一樣的。請注意：品牌三角形所有的角都得一樣強大——否則它很快就會成為一個鬆垮無力的小三角形，或甚至一個兩角型，或在最壞的情況下成為一個一角形。

本節重點整理

- 大部分人具有的能力，別人也都具備。這一點都不糟糕，只是在研發自己的品牌時應該對此做好心理準備。

- 所以USP在人方面並不是「獨特賣點」，而是「特點」。只要有策略性地將「特點」發展出來，便能從眾人之中脫穎而出。

- 我們想要當第一名、被注意到。我們想要贏。你也擁有一些真的優於其他人的東西。

- 人類也具有可以使他人感興趣的重要性，只是這個重要性不叫作「功效」，而是相對尊重地稱為「社會貢獻」。

- 首先請注意你的特性和社會貢獻是否是真實的，是否是真正屬於你的。

我的三個想法

1. _____

2. _____

3. _____

建議行動

❶ 壓縮你所有的課題、活動、計畫和目標的象徵是：品牌漏斗（參見前文第67頁）。你在本書後面可以找到編號1號的學習單——「品牌漏斗」，同時也可以找到所有接下來會出現的學習單。如果你藉助品牌漏斗，一再讓自己明瞭這樣的壓縮對塑造自己的強力品牌來說有多麼重要，會是好事一樁。

❷ 請將2號學習單「品牌三角形」剪或複印下來。將你的名字以粗體字的方式大大地寫在三角形的中間，現在這個三角形就是你的品牌中重要組成部分。請將你對「特性」、「競爭對手」和「社會貢獻」在兩年後應該是什麼樣子的初步想法寫在三角形的三個角裡。「品牌三角形」具有生命力，隨著研究你的強力品牌要素過程，這三個角將變得愈來愈具體、明確。

❸ 你在另外一張紙上思索以下的問題：

● 日常生活中究竟有什麼小商品是我很信賴，且總是隨手就能取得的？

● 這些商品的特性可能是什麼？

● 它們有什麼功效？

● 這些商品有競爭者嗎？競爭者也有一個如此強大的特性和功效嗎？這些競爭者是哪些？

❹ 請將以上的問題套用在我們人的身上，想想看：

● 我的周遭有哪些人具有他人沒有的能力？他們會什麼別人不會的事情？他們是怎麼樣的人，和其他人相比很不相同嗎？

● 這些人的特性可能是什麼？

● 他們的社會貢獻可能是什麼？

● 當我想到這些人的時候，會有什麼感覺和反應？

品牌蛋

很多在國際上成就非凡的大型企業，例如BMW，都依據這個簡單的品牌模型採取行動。

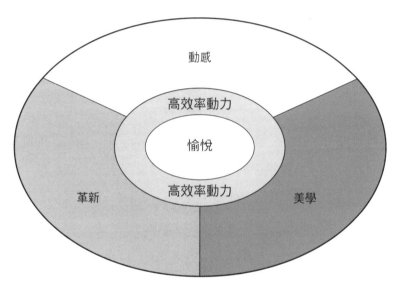

BMW的品牌蛋：幾十年來，位於中心的都是同一個強力的單詞，此外還有三個品牌價值。（在此可以忽略寫著「高效率動力」理念的那一圈，它額外規定BMW有永久減低能源使用和廢氣排放的義務。）[4]

---

[4] 也參見：法蘭茲—魯道夫·艾許（Franz-Rudolf Esch）：《領導品牌的策略和技術》（Strategie und Technik der Markenführung）。第四增訂版。慕尼黑：法蘭茲·法倫出版社（Franz Vahlen），2007年。

■你「就是」你

現在請閉上眼睛，想像一個炎熱無風的盛夏日，你站在池岸邊，水面平靜無波。你舉起手臂，使盡全身力氣往後拉，將一塊石頭丟得愈遠愈好。首先發出了一聲「噗通聲」，聲音傳上池岸，接著池面泛起陣陣漣漪。一開始的漣漪很有力，然後綿延下去，愈來愈擴散，外面的漣漪畫出了大圓形。過了一會兒，整個池塘都波動起來，一直到岸邊都是。到處都可以清楚看到擴散至岸邊的小漣漪。

睜開眼睛後，把剛才發生的事轉用在自己的身上。石頭是你的原動力、使命、本質，它引起了較大的漣漪。而較小的漣漪則是你以此為基礎挑動的所有事情：搬家到另外一個城市、朋友、應徵、愛好、進修、休假、假期……沒有一件事是偶然發生的，所有事情的發生，都是因為你「就是」你，你「就是」這個樣子。這個「就是」，對很多人來說毋寧是混亂不清、不怎麼具體、模模糊糊的。

品牌蛋的核心（可以說是蛋黃）是這個「石頭」，也是這個「就是」。前幾頁我們提到「品牌」首要將非常多的東西變成非常少。如此盡可能壓縮的本質才能輕易地通過品牌漏斗最窄的地方，品牌的核心因此而確定。為了讓這個核心可以顛撲不破，長期不變，「品牌蛋」於是誕生。這個後來被轉用到行銷界的象徵，是幾十年前美國的品牌專家大衛・艾克（David A. Aaker）

所研發出來的，意思和「一小口濃縮咖啡」和「一小勺高濃縮醬汁」相當。使用這個模型的好處是：我們不需要發明更好的模型了，因為這就是最好的模型。在此，我們把模型運用在人的特殊需要上，一如書裡的其他模型那樣。

■ 提供行動方針

　　「品牌蛋」之所以特別吸引人，是因為它極其簡單：

● 「品牌蛋」的中間是個單詞，它正是品牌核心、「給顧客帶來的最佳功效」。這個「蛋黃」是全部品牌生活的開端，是商品存在的理由。當我們先看到商品，然後購買和使用時，心裡應該有什麼樣的感覺？當我們觀察某個已經擁有這個商品的人，心裡應該會有什麼樣的感覺？

● 圍繞著「蛋黃」的「蛋白」部分是「品牌價值」。它們正是由三個形容詞組成的。品牌價值是品牌核心的養分，是品牌核心引起的第一圈大漣漪。它們解說和傳達品牌核心，使它更具體。「品牌價值」幫助所有銷售這個商品的人能更精確地定位商品。

　　想要藉由各種行動盡可能地將商品推銷給顧客的廣告從業人員，因為「品牌蛋」，而有了行動的方針。

由於你的品牌蛋也是依據你的品牌三角形，以及其三個強大的角——特點、競爭優勢、社會貢獻而產生的，所以極有潛力成為不僅長時間給你帶來益處，且讓你和別人有所區別的行動核心。在執行這些行動時，你的品牌定位應該成為事實，人們可以清楚感覺到你的品牌定位及其所有的組件。這些組件傳達品牌，就像汽車的零件傳送引擎的動力，讓引擎在街道上奔馳的馬力一樣。只有這樣才能將核心、價值和所有其他的組件付諸實行，日復一日賦予它們生命力。如果這樣的事發生了，「你的行動將給品牌帶來正面的影響力」。意思就是說，跟你的競爭者對手相比，就社會貢獻度而言，你和他的區別——如同在品牌蛋裡確定下來的——將盡可能以好的方式被傳達出來。

■ 品牌主張及特質

在商品的世界裡，「品牌主張」也是一個這樣的行動：有哪些具有宣傳效果的話語可以很快、很簡單，且讓人非常容易記住地呈現商品的優點與功效？麗思卡爾頓飯店（Ritz-Carlton Hotel）的品牌主張是一個很好的例子。他們每個工作人員身上總是佩戴著一張小卡片，上面寫著：「我們是女士和紳士，我們為女士和紳士服務。」這個品牌主張如此簡單、明確、具有功效保證，在競爭市場上顯得獨樹一幟——當然，前提是如果工作人員每天真的盡力體現品牌主張，讓賓客真的感受到這個主張的意涵，也就

賦予了品牌主張生命力，讓人能夠體驗到它。他們將品牌主張化為清楚、讓人可以體會的信息，且在理想的情況下，馬上讓人產生只有在麗思卡爾頓飯店才能明確感受到這個主張的想法。

在洗衣粉方面也是一樣的。品牌主張應該在所有的行銷行動，也就是說在宣傳裡，例如：報刊廣告、小冊子、電視廣告和廣播廣告、貨架上的小牌子、超市的試用活動等等，清楚明確地顯露出來。不是隨口瞎扯，而是和這個非常特別的商品以及其強力品牌不可分割地連結在一起。

品牌蛋和品牌主張是以以下兩方面的測量為標桿：

- **企業內部溝通**：先有企業內部溝通最為理想。所有的工作人員都應該知道商品如何、是什麼讓商品顯得特別與眾不同、銷售話術的主要內容是什麼。對此有針對品牌行為（Brand Behaviour）的培訓措施，工作人員將成為利益點（Point of Interest）和銷售點（Point of Sale）的品牌大使（Brand Ambassadors）。面對這一連串的專業詞彙，特別要注意的是：不要躲藏在它們的後面假裝懂！重要的是你對這些專業詞彙有什麼樣的理解、能夠做出些什麼。

- **外部溝通**：接著有外部溝通就最理想了。所有參與行銷的工作人員：包裝設計師、廣告公司、影片製作、展覽會場布置公司、公關公司……等等，都和外部溝通有關。所有這些企業都

必須密切合作，才不會出現混亂的情況。在外部溝通方面，重要的是要有一個顛撲不破的基礎，即品牌特質，來作為所有的措施和其成果的衡量標準。

■BMW品牌鮮明、強大

一個和品牌蛋相關的好例子，就是本章一開頭提到過的BMW品牌蛋。

BMW製造商想要清楚劃清它的商品與服務和其他製作高價位汽車的廠商（奧迪、保時捷、富豪汽車、賓士）之間的區別。因此，BMW遍布全球的每一位工作人員和服務人員的全部活動，不管是內部的或是外部的，都會被拿來檢視，看是否與品牌核心一致。這個顛撲不破的核心在好幾十年前就由所有的專家團隊明定了，明定的同時也將BMW強大的品牌三角形每一個角都考慮進去。它強大到今日人們都還能清楚辨識BMW。尤其是：直到今日仍然有效，繼續讓BMW的品牌鮮明、強大。在世界各地，從孟加拉國到挪威到尼加拉瓜共和國，BMW品牌蛋都是BMW企業所有活動的基礎，是全世界超過十萬名員工做事的基礎，更重要的是，也是他們放棄不做事情的基礎。BMW的每一個商品都會被評估，看是否能帶給顧客愉悅。如果不行的話，想法就會被摒棄。BMW的工作人員在這方面做得如此地好，以致於從1960年代以來只有一次真的失敗：你還記得那個不用戴安全帽就能騎的有屋頂

摩托車嗎？這些可憐的摩托車騎士也想要成為驕傲的BMW駕駛員，但看起來卻一點也沒有BMW的架勢，他們沒有表露出來的愉悅感很快就消失殆盡了。這款C1車型，2003年就悄悄地停產了。（也許你現在也想到路華〔Rover〕品牌帶來的失敗。你說對了，這也是一個失敗。只是這和BMW的商品品牌一點關係也沒有。更確切地說，路華是BMW關係企業集團裡的另外一個品牌，就像今天除了BMW之外，還有商品品牌「迷你」〔MINI〕和「勞斯萊斯」〔Rolls-Royce〕一樣。）

■ 品牌核心與價值的緊密結合

　　BMW的品牌核心是「愉悅」。當我們開著BMW的時候；在街上看到BMW的時候；在車商那兒看BMW的時候，大家的心中應該會感到愉悅。甚至當我們送BMW去檢查的時候，儘管這個特別照顧車子的舉動並不怎麼會刺激我們的腦袋釋放幸福荷爾蒙。（畢竟我們基本上是帶車子去「看醫生」，支付的金額大多不怎麼便宜。）現在，到底要如何精確地描述這個「愉悅」的特性呢？又要如何解說它呢？BMW的品牌價值的「動感」、「美學」和「革新」就可以做到這件事。

　　當一個BMW商品上市時，所有的行銷——廣告、博覽會展示、網路、公共關係……——都建立在例如：新型的BMW 1系列、BMW 7系列、越野摩托車，或BMW金融服務發行聯名卡所

引起的愉悅基礎上。

這樣商品的品牌價值是什麼？品牌核心引起的第一圈大漣漪是什麼？本身沒有什麼內容的品牌價值「動感」指的又是什麼？大批的品牌策畫人員一定對此進行過思考！他們如何具體化說明「動感」，又如何將「動感」變成獨特的BMW動感呢？

第一，他們認為BMW動感指的是運動員的風度：品牌準備面對競爭，艱苦但公平地奮戰。第二，它是靈活的頭腦——有遠見、快速行動、靈活反應。第三，它很年輕，意思是說，品牌生氣勃勃，具有年輕朝氣。所有這些象徵都是BMW的要求，它們必須在商品使用者的腦袋和感覺裡被喚醒。使用者應該全心感受到這些象徵。

接下來的品牌價值「革新」的意思是指富於想像力（獨創的想法和具指標性的解決辦法，戰勝慣常的思維）、創造性（不尋常且有個人特色的轉換、其他的觀點與新角度）和朝著目標前進（堅持不渝地追求遠大目標，也充滿了鬥志）。

最後一個品牌價值「美學」有以下的詮釋：高級的（BMW是名貴且獨一無二的，是個特別的優質享受）、美學的（這個品牌在形式、表現力和行為上都有明確的風格，對美有獨到的品味），以及高貴正直的（BMW高度專業，行事認真負責，值得人信賴）。

藉由這些「護欄」，不但BMW的員工可以研發那些就只有

BMW製造得出來的商品，全世界所有代理BMW的廣告公司也都能據此展開行動。他們密切合作，負責小冊子、廣告、網頁、博覽會的陳列館和電視廣告的事宜。所有的宣傳活動都應該引起人們等待商品上市的喜悅。廣告公司的所有活動都以品牌核心為目標，因此也以品牌核心的品牌價值與所有其他的「漣漪」為目標。這避免了將預算無意義地浪費掉，也使商品有別於其他製造商的商品，並且激起人們購買的渴望。大家畢竟都想要有愉悅的心情！

■ 也可以用一個句子做品牌核心

另外一個品牌蛋的例子是：麥當勞。這個企業也確定它的品牌特質，為它的行動建立基礎，而且和競爭對手做出很大的區隔（競爭對手當然是指漢堡王，其實溫蒂漢堡、肯德基，以及美國與世界各地地方性的漢堡連鎖店也是）。麥當勞不是以一個單詞，而是以一整個句子：「好吃的漢堡，和例如玩具的額外東西；與孩子和家庭建立聯繫」作為品牌核心。你應該也有對麥當勞的印象吧——那麼，你覺得這個品牌核心如何？我覺得它有點太敘事化、太隨意了。麥當勞的品牌價值「熱食」、「快速」和「在世界各地都一樣的美味可口」也是這樣——所以整個企業也是如此。

漢堡王就完全不一樣了。漢堡王雖然也只賣漢堡，但它的漢堡是放在烤架上烤的。這讓我開啟了一個非常特別的想像世

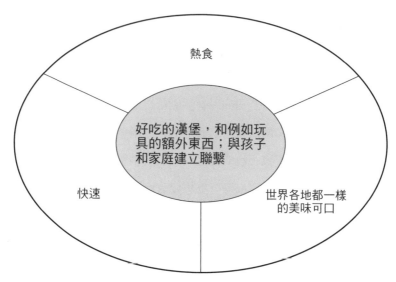

麥當勞的品牌蛋：一整個句子作為品牌核心，外圍有三個多多少少可以替換的品牌價值。[5]

界：豐沃的草原，一望無際。壯實的馬奮力吃草，將從卡爾弗城（Culver City）奔馳至此消耗掉的卡路里補回來。流浪的冒險族群聚集在火堆旁；在天地交會之處，火紅的太陽沉落到大峽谷裡。空氣中瀰漫著一層濃重的水氣。現在是燒烤雙層起司華堡的一刻了，正是在此地！好吧，如果我是最後一個留在辦公室裡的人，必須費盡最後一絲力氣才到得了位在慕尼黑火車總站的漢堡王，然後在其非常獨特的裝潢設計空間裡用掉最後一絲力氣吃掉這個

5 圖片來自：法蘭茲—魯道夫·艾許：《領導品牌的策略和技術》，第95頁。

脂肪豐富的雙層華堡，那麼這樣的想像就一點也不美好了。但話說回來，漢堡王的品牌設計還是起了作用。我承認，麥當勞的成功也是因為他們做出了正確的決策。不過，若是麥當勞採用另外一個品牌核心和其他的品牌價值，這個成功也許還會更大一些也說不一定……

　　在此沒有一成不變的規則，所以在設計品牌時，使用一整個句子做為品牌核心也是可以的。但請在設計你的品牌蛋時注意：品牌核心的字數愈少愈好！建議你效法BMW，用單單一個詞，尤其是這個詞代表的是你那具有很大功效的社會貢獻，來擬定你的品牌核心。除此之外，也請注意選擇貼切的品牌價值，最好是用形容詞來表達，較有說服力，更能激勵人心。（BMW的品牌價值幾十年來也是形容詞，但現在他們的品牌部門似乎在流行使用名詞。）

本節重點整理

- 你的品牌蛋是品牌特質的主要部分。
- 品牌蛋的中間有一個詞，一個對你來說最強大的詞。這個品牌核心表述的是你的最佳社會貢獻。
- 圍繞著品牌蛋的是你的品牌價值。它們支援品牌核心，說明它，使它充滿生命力，也讓人可以體會得到。
- 讓你的品牌蛋成真：在你所有從事的活動中，人們應該清楚地感受到你的品牌特質。
- 你的品牌主張可以讓人清楚地感受到你的品牌特質：一個如同麗思卡爾頓飯店所採用的強力句子，將貫穿你的每一個生活情況。

我的三個想法

1. _____

2. _____

3. _____

建議行動

❶ 想想看，其他製作高價位汽車的廠商，也就是BMW的直接競爭對手，可能有什麼樣的品牌核心。它們的品牌核心應該作為其成功的基礎，具有和BMW品牌核心「愉悅」 樣的功效保證。並且，它應該是獨一無二的，也就是說，它的功效不會被其他製造商的最佳功效抵銷掉。[6]

❷ 個人品牌術也有一個像麗思卡爾頓飯店那樣的小卡片，上面寫著很獨特的根本信念：請將本書後面3號學習單「10個給失敗者的個人品牌術準則」剪下來或複印，黏貼在厚紙板上。將這些準則放在你每天都會看到的地方，例如：釘在你的書桌上方的軟木塞多功能掛板上、貼在浴室的鏡子上，或是放在錢包裡。

---

6 從這些中心思想來看，這些汽車品牌的成功是有道理的：賓士──堅固耐用；奧迪──技術設備；富豪汽車──安全；保時捷──運動；MINI──樂趣。

個人品牌的組件

　　根據最新的腦科學研究成果，對商品及其品牌的印象會被儲存在兩個半腦中。左右半腦聯結在一起，各司其職[7]。左半腦是掌管語言、理智思維的中樞，有邏輯分析力，強烈受思考控制。也就是說，我們會用理性思維接收關於品牌或者商品的資訊，然後在左半腦一項一項地處理它們。品牌特徵、顧客如何評價品牌，以及顧客可以從中獲得什麼好處，皆屬於這一類資訊。

　　相反的，右半腦的作業並沒有那麼精確。右半腦主司想像、圖像與粗估；也就是我們形成第一印象所需要的所有東西，具有強烈的情緒導向。在接收品牌傳遞的訊息和消化種種刺激時，消費者的印象與感覺很是重要。[8] 由於兩個半腦是連結在一起的，在它們相互合作的過程中，對一個品牌的整體概念於是在腦袋中逐漸形成，理性的和感性的皆是，並且具有硬性要素（材料、品質、製作、使用目的等等），以及軟性要素（形象、渴望、滿足感等等）的特徵。

---

7 部分根據亞蘭・派維歐（Allan Paivio）：《心理表徵：雙碼理論》（Mental Representations. A Dual Coding Approach）。牛津：牛津大學出版社，1986年。

8 部分根據維爾納・克勞勃─瑞爾（Werner Kroeber-Riel）：《圖像溝通：廣告的形象策略》（Bildkommunikation. Imagerystrategien für Werbung）。慕尼黑：法蘭茲・法倫出版社，1993年。

■組合自己的品牌蛋

由此得出結論，一個強力品牌和它的組件必須使兩個半腦一起產生反應，頭腦才有可能對品牌產生一個完整和諧的概念。如果我們一起觀看這些組件，把它們當作品牌的大整體概念，那麼在理想的情況下，可以確定的是，整體多過各部分的總合。前提是，如果我們把品牌的組件連繫起來，讓它們不但一起使兩個半腦產生反應，同時也讓兩個半腦從這個整體概念中推斷出完整的想像世界。那麼我們就得出記憶訓練陣營的代表馬庫斯・霍夫曼藉由公式「1 + 1 = 11」所要傳達的訊息：品牌信息的接收者在體驗整個品牌的時候，所感受到的比發送者可以期待的多得多。當

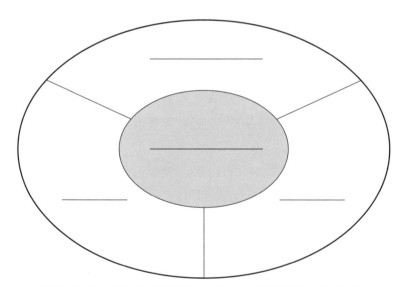

你的品牌蛋，目前完全沒有生命；之後，你的品牌的全部生命力將位於「蛋黃」部位，即品牌核心。而位於「蛋白」部位的則是提供核心養分的品牌價值。

你在研發個人品牌時，請想想這個公式。

　你的個人品牌由這些組件組成：

- 品牌蛋：噗通一聲落入水中的石頭，引起所有的漣漪。

- 獨特賣點和社會貢獻是第一圈大漣漪。

- 品牌主張是第二圈大漣漪。

- 你的圖像世界和想像世界是第三圈大漣漪。

- 你的宣傳廣告是第四圈大漣漪。

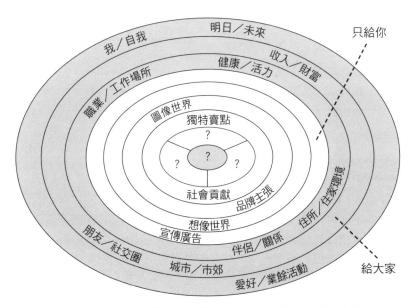

漣漪和成功組件：品牌特質發展好時（白色部分），牽涉的面會
愈來愈廣，並對所有的生活領域具有影響力（灰色部分）。

以這個品牌為基礎，隨之而來的就是你所有的活動和措施。它們引起所有其他直到岸邊的小漣漪和大漣漪。

我的三個想法

1. _____

2. _____

3. _____

建議行動

❶ 請把4號學習單「品牌蛋」剪或複印下來。學習單上正好有四個空位給你填寫四個詞——你的品牌核心位於中間，周圍是品牌價值。更確切地說，你要填寫的是兩年之後的指標核心和指標價值。請將你的品牌蛋拿來和文中所舉的BMW和麥當勞的例子相比較：我的終極動力、品牌核心是什麼？我可以給別人什麼？別人可以感受到我什麼？

品牌價值支持和說明品牌核心。如果你需要一些建議，想知道品

牌價值可以是哪一些範圍和詞句的話，可以將5號學習單「符號測量法」（Semiometrie）剪或複印下來（Semiotik〔符號學〕，關於符號意義的希臘學說）。不過：太多的補充資料可能會讓你沒有自己的想法。所以，請先將這個協助擺在一旁，自己試試看。

你試驗：

● 哪一個品牌核心和哪一些品牌價值配合在一起時，會產生很大的效果？

● 產生的效果真的是最強大、最明確，最能夠理想地定義我和我的本質嗎？

● 品牌核心真的是為外界，為我所處的環境而準備的，而不是將我置於中心？

● 全部的品牌價值都是形容詞嗎？

在這個階段，還可以有很多的詞，你可以寫下、劃掉、再寫上去、再劃掉這些詞。不過，在你的品牌樹立過程結束時，你的品牌蛋裡就只能正好有四個詞。之後你再怎麼不擇手段地改變或作弊都沒有用了；否則你最後擁有的就只是一個無力的小品牌，而不是一個強大的品牌。

❷ 請將6號學習單「組件和漣漪」剪或複印下來，並且一再地把它拿出來看。這個圖表清楚說明你的品牌特質組件之間的關聯，它們如何對彼此產生影響，以及它們引起了什麼變化。

3

個人品牌
成功策略

策略1 聚焦：
找出你願意奉獻生命的東西！

　　過去的社會，父親都會將自己的專長傳承給孩子。德國有句俗語說：「只要你還把腳放在我的桌子底下……」[1] 非常貼切說明這種情況。於是，兒子之所以會成為屠夫，是因為父親也是屠夫。之後他發現自己其實更想成為麵包師傅，因此一輩子都在抱怨他的屠夫命運。而女兒之所以為家庭主婦，也是因為母親是家庭主婦。雖然曾因幸運之神的眷顧和不斷地哭鬧糾纏，在成為家庭主婦之前有機會接受一個短期訓練，成為女管家，不過她內心深處其實更想成為醫生。現在她也一輩子都在抱怨她的家庭主婦命運。

　　而今一切都不一樣了。屠夫的兒子可以成為麵包師傅，女兒也是（或是剛好成為醫生）。雖然哀號和害怕到牙齒打顫的情況還是和以前一樣，不過是因為另外一個原因罷了。以前有太多的規定和規則了，而現在那些必須在大量可能性中選出最好一項的人，則覺得規定和規則太少了：人們不再替別人做決定，人們必須自己承擔全部的責任，而父母給予太多的理解、建議和施加壓力，只會把事情搞糟而已。

---

1 譯註：這是字面意，引申意為：「只要你還靠我供養的話……」。

■ 做自己喜歡的事情

當我開始有許許多多的願望和計畫時，父母親就給我一種感覺：我可以做自己想做的事情。他們當然沒有真的把這些話說出來，但是可以感覺到他們的想法和態度。我父親清楚地對我說過一件事：不要去碰建築業！父親是個建商，擁有一個建造地上建築和地下工程的大公司，貼著「班特建造！」大張貼紙的車子和卡車到處行駛，在後普法爾茨地區（Hinterpfalz），作為爸爸的兒子確實也很受大家尊敬。我的父母、姊姊和我在各方面都過得很好。但我父親在他的職業生涯中究竟費了多大的心力，讓他的職員及其家人，當然還有我們都有好日子過，不是身在其中的人是不會知道的。我自己也是在很久之後才知道，扛了這麼大的責任讓父親常常失眠。

所以，真的不要繼續書寫班特建築王朝的歷史——人們期待你接手，不是嗎？不要去碰建築業？那麼要做什麼好呢？我很早就發現，小老闆辦公室和大老闆辦公室比鄰而居並不是件好事，在困難時期就更不用說了。那麼要做什麼好呢？我對什麼都感興趣，但是我沒有少了什麼就活不下去的東西：我運動，網球、桌球、滑雪、慢跑，樣樣都來。我有自己的朋友圈，我們一起游泳、打撞球，甚至連續數日聚集在「玫瑰園」，騎坐在輕型摩托車上面，閒閒沒事做；「玫瑰園」是庫塞爾市（Kusel）那個有噴水池、一個真正的交通信號燈和唯一一家名實相符的冰淇淋店

的廣場名字。大家總是順便到那裡去，我們用覆盆子冰淇淋、巧克力冰淇淋和巧克力脆片冰淇淋，外加上小伙子愛說的混話逗女孩子開心。這就是全部了。至於：每晚在棉被底下寫熱情洋溢的詩？放學後製作全市最美麗的鳥屋？為國際特赦組織（Amnesty International）地方分會張貼海報，和在青年之家安排庫德語音樂晚會？當然沒有。

■面對喜歡的事情就有熱情

我的父母也聽說我整日無所事事，到處閒蕩。所以我在十七歲的暑假就被安排到地方報社《萊茵普法爾茨報》（Rheinpfalz）見習去了。我父親和總編輯籌畫好，讓我很快就開始書寫警局報導、關於地方蘋果汁工廠和最古老甜食店舖的新聞報導。之後我可以報導市議會會議，以及評論在附近村莊集會場所舉辦的音樂會（其實我根本不知道一把低音吉他有幾條弦）。接下來我有好幾年的時間持續為報紙的主要版面書寫電視評論，然後我申請位於慕尼黑的德國新聞學院（Deutsche Journalistenschule München）──並且錄取了！緊接著是一段棒呆了的培訓和學習時期，在《碧姬》（Brigitte）女性雜誌和西南廣播電台（Südwestfunk）實習了幾個學期，有幾年的時間則在杜塞朵夫擔任撰稿員與計畫研製者，和當時的廣告界明星米歇爾・施爾訥（Michael Schirner）一起工作……

今日我對演說和寫作充滿了熱情——這全部都和言語有關。我也對可以利用言語來做的事情充滿了熱情：我成為管理訓練者、演說者和教練；我為企業、商品和人構想與研發品牌；我寫旅遊報導和幾本書。甚至可以說，我為言語而活，寫作的言語和說出的言語皆是。這是我的使命。我非常喜歡站在舞台上，和人、和公司裡的同事們一起工作。我寄送手寫的感謝卡，為他人的邀請表示感謝。這是我的「錨」中的一個，用起來無往不利（我會在第208頁〈策略8：宣傳〉對「錨」有更詳細的說明）。我之所以沒有成為：治療師、專職記者、公關謀士、政治人物、遊說者、環保積極份子……因為我對這些工作沒有熱情，我和它們劃清界限。最重要的是我沒有成為建商，沒有追隨父親的腳步。在我看來，父親經歷過公司「無力償付」的考驗後，現在才真正地和自己與世界達成和解。因為他擺脫了負擔，擁有所有可以滿足過生活所需要的東西。

■避免品牌混淆

也就是說，每個人都做他最喜歡和最能夠勝任的事。如果不能，那就最好什麼都不要做。「美利塔」（Melitta）並沒有重視這個金科玉律，想要的更多。結果這個專門製造咖啡過濾紙的廠商也用「美利塔」這個品牌製造販售吸塵器集塵袋。你很難不會有這種感覺：明明剛剛還在吸孩子房間裡散布著倉鼠毛的濾紙，竟然被用

來沖泡你早上喝的咖啡？因此，集塵袋很快就消失不見了。其實它們還是存在的，只是今日不再叫作「美利塔」，而是叫作「漩渦」（Swirl）。這樣做很適當——不要給顧客帶來品牌混淆。

高露潔牙膏公司（Colgate）也犯過同樣的錯誤，它有次在美國用「高露潔廚房的主菜」（Colgate's Kitchen Entrees）這樣的副品牌在市場上推出熟食。在閱讀這一段落的時候，你的舌尖是否已經有「肉捲極緻潔白」和「氟嫩菜豆」的滋味，而鼻子裡縈繞著這些非常特別美食令人難以抗拒的清新薄荷香味嗎？更重要的是這個問題：牛肉捲可以預防蛀牙嗎？是要在刷牙前吃，還是刷牙後吃？還好高露潔公司很快就停止這項無意義的舉措。正如同妮維雅乳液製造商拜爾斯道夫（Beiersdorf）於1933年推出妮維雅牙膏上市，旋即讓商品下市一樣。妮維雅牙膏嚐起來的味道可能像什麼呢？

心理學家蓋爾特‧吉歌仁徹在他的書《以直覺做的決定》裡提到一個例子，位在堪薩斯州（Kansas）的布魯克維爾飯店（Brookville Hotel）採用的正是另外一個策略。要在那裡吃飯得開很遠的車，建議無論如何一定要事先預約。飯店裡總是高朋滿座，等得不耐煩的客人敲擊餐具發出聲響。然而，飯店就只有一道菜餚，每天都是同一道菜餚：半隻在平底鍋裡煎過的雞，配上馬鈴薯泥、奶油玉米醬和發酵麵包，餐後還有自製的冰淇淋。不只是賓客很高興終於有次不用自己決定要吃什麼了，而這個列在

不存在菜單中唯一的一個套餐，還美味到人人口耳相傳，來自美國各地的老饕紛紛跳上車，不辭辛苦趕來只為了一飽口福[2]。 如果飯店突然提供第二道跟魚有關的菜餚，堪薩斯州會受到什麼樣的震撼？那唯一一道菜餚的魔力可能就此消失得無影無蹤了。

■ 找到焦點並一再呵護

現在，請用另外一種方式問自己，若是生活在孤島上要做什麼：我在孤島上要如何生活？我想要追求什麼？我絕對不能沒有什麼？不要考慮太久，問問你自己的感覺吧！當然所有的答案都是可行的，但是——這是最可惡的——只有一個答案是正確的！感覺經常是對的。你感覺一下，哪一個答案讓你有舒服又篤定的感覺。

提供一個正面的例子：傑米‧奧利佛（Jamie Oliver）烹飪。他一直在做這件事，沒有辦法做其他的事。他製作醬料包、餐具、醋、油和食譜。從這個焦點出發，他還可以做更多的事情：電視節目（他主持了）、餐廳（他開了）、胡椒研磨器（他推出了）、一個連鎖烹飪學校（他建立了）。藉由這個核心能力，他也可以推動送含有豐富蛋白質的食物到第三世界的計畫，且以其強力品牌「傑米‧奧利佛」來激勵媒體、大型企業和「粉絲」一起共襄盛舉。如果他有像人們預期般地精明的話，這位知名主

---

2 參見蓋爾特‧吉歌仁徹：《以直覺做的決定》，第39頁。

廚就不會為了一個歐寶Corsa的限量版（施特菲・葛拉芙〔Steffi Graf〕有次這麼做，不知怎麼地就很適合），或是一組用樹根旋製的高爾夫球桿而敗壞自己的名聲。

事實上，要是行銷顧問和授權顧問太過放肆的話，也會是很危險的。法蘭克福曾有段時間有「傑米・奧利佛晚餐」，賓客在雜耍演出的帳篷裡享用晚餐，正要享用配上白醬的白魚時，突然間被雜耍藝人從後面輕扯一下頭髮。晚餐入場券要價超過100歐元，而且有個人保證在這個美好的長夜裡一定不會出現——就是傑米・奧利佛。這種情況下，甚至「傑米・奧利佛」這樣的品牌很快就會變得隨便，焦點便告吹了。

所以請務必小心看待焦點。找到焦點，然後愛護和維護，讓大家可以領會和感受到它，需要很長的一段時間。若人們沒有一再重新呵護焦點，焦點便會急速損壞。在此我想到德國的健行者專用停車場上那個手工上釉的舊招牌，上面畫了一棵燃燒起來的樹木，以及寫了一個很有創意的句子：「一座森林很快就會化作灰燼。」一個焦點與一整個品牌也是如此。

■ 只是選擇不同

你現在可以從這所有的故事、人物中得到什麼樣的啟發？或者你一直知道，自己心中熊熊燃燒的那把火是什麼？那麼恭喜你，也非常忌妒你——你擁有大部分人都想要擁有的東西：你清

楚是什麼動力推著自己向前走。在此，我要對其他有點怨天尤人或沒有決斷力的人說：你一點都不孤單！在這個我們什麼都可以做，什麼都可以捨棄的世界，尋找意義、尋找使命的風氣又流行起來了。請你務必問自己：若是生活在孤島上要做些什麼？你真的不能沒有什麼？你的「布魯克維爾飯店的菜單」看起來是什麼樣子呢？

如果你是為自己的家庭而活，那麼「為家庭而活」就是你終極焦點中一個重要的提示。你就不應該太致力於飛黃騰達的職業生涯，你對升遷發跡的追求也應該是在社會完全可以接受的範圍之內。要不然當你晚上十點懶散地坐在努力打拼來的公司總部裡，和那擁有褐髮的第五號女助理（對女性讀者來說，可以是擁有結實二頭肌的第五號男助理）、壽司與皇冠伏特加在一起時才突然驚覺到，為什麼再也沒有人打電話給你。因為這一切根本是行不通的！

任職於MTV音樂頻道且經常在趕時間的通訊主管安姬‧塞布里西（Angie Sebrich）有一天也對自己說過這句話，於是她轉換了跑道，成為拜里施策爾（Bayrischzell）的珠德費爾特青年旅館（Jugendherberge Sudelfeld）的負責人。很誠實！如今她擁有一對雙胞胎，和孩子的爸爸住在一起，並且親手扶養自己的小孩長大。

與之相反，如果公司對你來說比世界上其他所有事情還要重要的話，那麼你也要為所選擇的生活付出代價：要有再也沒有

朋友會打電話來的心理準備；晚上回到家，沒有香噴噴的飯菜等著。不過你可以自由自在地選擇去任何一個國家度假、用你選擇的大雪橇滑雪、在渥夫然・西貝克[3]（Wolfram Siebeck）推薦的餐廳用餐。這樣的選擇與之前所舉的例子相比，沒有更好，也沒有更糟——只是剛好不一樣而已。

■兼顧家庭與事業只是特例

當然也有家庭和事業並重的混合形式。也許你正好也認識一個可以雙方兼顧的人。但請不要認為自己也做得到，因為這個可能性根本很低。在我為新書《新品牌》（Brand New）進行訪談，談論合乎時代潮流的企業品牌戰略時，再次遇到了一個這樣的例外：恩斯特・布魯斯特（Ernst Prost），他是總部位於烏爾姆（Ulm）的力魔公司（Liqui Moly）負責人。這個男人是400個製造機油、潤滑油和添加劑員工的老闆。在德國！在目前這個時機！賺翻了！布魯斯特先生在吃午飯時說道，他如何從汽車機械師晉升到最高職位，同時引進了一個新文化：公司如同「家庭」，在這個大家庭裡，每一個員工都是「共同企業主」。此外，他還成立了恩斯特・布魯斯特基金會，致力於協助非因個人過失而陷於困境的人，並且實現他的心願，不只是讓其共同企業主的生活變

3 譯註：渥夫然・西貝克是德國知名的美食品論家、記者和書籍作家。

得更好，也讓那些不像自己那麼幸運的人生活變得更好。他一年
度八個禮拜的假，和他的女友，不接手機，也不查看電子郵件。
對他來說，放假就真的是放假。他們騎腳踏車，就從家裡出發。
他決定將所有的財產交託給基金會，他的兒子將會掌管這個基金
會，且簽署了放棄這筆財產的承諾書。我相信布魯斯特先生真的
不會想念紐約四季飯店（Four Seasons Hotel New York），也不會想
念設在家裡的第二個辦公室。他找到了自己的平衡點，足以作為
同事和整個社會的典範。（這也是恩斯特・布魯斯特為什麼被最
佳個人品牌獎的評審委員會評選為2011年最佳男士個人品牌的決
定性原因之一。）

　　所以，如果你沒有電腦就什麼都做不了，日夜在主機板、中
央處理器和基本輸入輸出系統晶片旋這個擰那個，還下載最新的
外掛程式──你就去做吧！那麼一般的家庭生活，例如七點吃晚
餐，可能就沒有辦法順利進行。對此也不用感到太訝異。但如果
你是那種每天需要兩個小時運動的人，就像需要空氣呼吸一樣，
那麼就利用中午休息時間去運動吧──不要利用午休在公司餐廳
的素食區拓展人際網絡。也許這個根本無法隱藏起來的運動渴望
正指出了你真正的使命：例如我的同事斯拉特寇・史戴爾參巴哈
（Slatco Sterzenbach）就不滿足於在一份「坐著的工作」中只能做
一點點運動。在他完成競技運動和好幾次的鐵人運動之後，他要
如何對只能做一點點運動感到滿足呢？所以他站在舞台上，用他

的焦點「完美的一天」來運動和激勵他人。他的運動渴望就是他的職業。

■有了焦點，所有問題變得清晰

當一知道自己的焦點在哪裡，一些問題的解答就會清晰起來：我應該搬到另外一座城市，只是因為我的新男友嗎？我應該留在城裡，或是搬到鄉下，只是因為我非常喜歡感覺真正的大自然嗎？我應該接受400公里遠外的那份新工作，然後在兩地之間來回往返，只是因為我之後終於能夠位居一人之下萬人之上的領導階層嗎？或者是，像費胥里和懷斯所說的：「我應該隨波逐流嗎？」[4]這一連串的問題，答案就只有風知道……或者你知道，如果你知道自己願意為什麼奉獻生命的話！

行文至此，我想起對這個章節來說更恰當的標題：找出你願意為它而活的東西！

本節重點整理

● 別離開你的「製鞋模子」，就像鞋匠一樣。全神貫注在你真正能做的事情上面！
● 如果你想要更多的話，請進一步發展自己能做的事情。但是不要將其他事情牽扯進來。

---

4 參見佩特‧費胥里和大衛‧懷斯。

- 請讓自己意識到，每樣事情都有其代價：工作也許可以帶來很多金錢，但也得付出代價——常常是犧牲私人生活和家庭生活。
- 想想看力魔公司的布魯斯特先生：一份要求很高的工作可以和一個充實的私人生活聯繫在一起。
- 你明確的焦點在關鍵時刻告訴你，人生的旅程要前往何處。

我的三個想法

1. _____

2. _____

3. _____

建議行動

　　將7號學習單「工作的原動力」剪或複印下來。就你當前的情況，找出為什麼做這個工作的原因：

- 就只是因為我在工作時獲得的樂趣？
- 還是說我在追求肯定？
- 或者是……

　　最後在工作中就只留下你的主要原動力，所有其他的可能性都是次要的。這個原動力對你在未來——以你的品牌特質為基礎——如何評估你的活動有著決定性的作用。

策略 2 競爭：
時時留意你的競爭對手！

　　只要你不是愛因斯坦或畢卡索，世界上一定有某個人的能力跟你完全一樣，不只是可以驗證，還可以感覺得到。隔壁部門的伊麗莎白證實能力比你更好，她在填寫銷售資料表時犯的錯誤就是比你更少。當統計部門的同仁得經常向你確認資料表填寫的內容，而不需那麼常向伊麗莎白確認時，他們注意到了這點。之後部門主管在對所有銷售員做月評估時也注意到了，然後銷售部的主任也注意到了，某一天大老闆也會注意到的。當之後有個部門主管的職位空缺時……你心裡明白，自己得到那個職位的希望十分渺茫……

　　每星期五在社區大廳的射箭運動中，克里斯提安的表現也證實比你好。當最後在大石板下方畫一條線，合計總分的時候，可以看得出來他根本是最棒的。在眾多觀眾面前舉行的年度射箭比賽中，太太和孩子也在那裡，而你只獲得大家都得到的小獎杯。哎呀，有參加比賽就夠了。不過那個克里斯提安總是得到裝飾著桂冠和橡樹葉的大獎杯。你已經有點惱火了，但事情已是無法改變的了。

　　從上述兩個例子當中，你看到自己了嗎？你已經非常非常努力了，但還是沒有獲得提拔！你一開始感到憤怒，然後感到忌

妒，接著做作的說：「對我根本無關痛癢，關我屁事！」這當然有關你的痛癢，而且是非常！不管你現在是銷售員或靜力學家（那位來自隔壁村的同事又得到幼兒園的訂單了）或賣水果的小販（擁有博士頭銜的克勞舍老太太總是在人行道另一端的史律特那裡買梨子）；不管你是最喜歡的運動是射箭還是輪子體操[5]：如果別人比你更好，你總是有點生氣。我說對了嗎？

■停止胡思亂想吧！

如果沒有對手的話，會是什麼樣的情況啊？除此之外，我們還可以用其他不一樣的說法來取代「對手」一詞，例如「競爭者」。還有一個更好的說法，我現在已經把它選為這十年行銷界的「雙言巧語」[6]了：「市場陪同者」。還有一個更好的說法，我現在已經把它選為下一個十年的行銷界「雙言巧語」了：「共同努力者」。

也就是說，有可以證實比你更好的人，也有感覺上比你更好的人。事實上，感覺起來比自己更好的人對我們的自我價值感和身心健康來說危險更大。原因非常簡單，因為沒有一個讓我們

---

5 譯註：「輪子體操」的德文是Rhönradturnen，英文是wheel gymnastics。由於此運動發源於德國，又稱為「德國輪」。

6 譯註：「雙言巧語」（Doublespeak, Unwort）：是一種故意扭轉或隱藏原意的修辭法，經常被政府、軍隊、企業或公關宣傳領域使用，有時候可以視為一種委婉的表達方式。

打從心裡放下、停止胡思亂想的理性比較標準。遇到感覺起來比自己更好的人，我們絞盡腦汁，一再地問自己，為什麼別人做什麼都成功，我們卻什麼事都做不好。我們會問自己：班尼的爸爸之所以得到托兒所促進協會的主席職位，真的只是因為當遊戲場新沙子運來的時候，他比別人出更多力幫忙嗎？或者幕後有什麼不為人知的陰謀詭計？難道教區和班尼爸爸突然編造出一個真正的陰謀來反對你，並收買了所有其他有選舉權的爸爸媽媽們，而你卻是最後才知道真相的笨蛋？這樣漫無邊際的苦思冥想，讓羨慕和猜忌可怕地蔓生。在這裡我要援引保羅‧瓦茲拉威克（Paul Watzlawick）的一個故事來作為借鏡：一個男人想要跟他的鄰居借一把槌子，但心想鄰居一定不會把槌子借給他的，這個混帳東西。最後男人去鄰居家按門鈴。當鄰居把門打開時，男人只怒吼道：「你留著槌子吧，你這個無賴！」[7]

誰知道呢？也許班尼爸爸只是被他太太說服來做這項工作，因為那對總是打扮得漂漂亮亮，足以作為他人榜樣的雙胞胎父母邁爾夫婦也想競選這一個職務，而他們只是想要捉弄一下這對夫婦。現在班尼爸爸拿著大鏟子站在那裡，在星期六一大早，當採砂場主人開著裝滿沙子的超大型卡車駛來的時候。他孤零零地站在那裡，因為其他也想要來的人昨天在促進協會為義賣進行的摸

---

7 根據：保羅‧瓦茲拉威克：《成為不幸福的人的指南》（Anleitung zum Unglücklichsein）。第二版。慕尼黑：德國口袋書出版社（dtv），1993年。第36頁。

彩銷售活動中幫忙，拖了有點晚才回家，今早無法及時趕來。而且今天早上還下起傾盆大雨，而你此時卻可以在溫暖的被窩裡翻來覆去，你真的應該感到高興。啊哈，這個主題開始慢慢地讓位給生活裡其他的美好事情了。苦思冥想絕對是沒完沒了的！

■ 自己應該和誰比？

然而，有些感覺上的競爭，真的讓人感到很痛苦，而花很多時間思考那些事情絕對不能算是浪費。在我開始工作那幾年，當其他人用比我還要少的力氣來做事的時候，我就常有這樣的體驗。那些人總是還有力氣在咖啡機旁和女職員胡扯瞎聊、經營他們的愛好，以及用完全部的年度休假（這在廣告業界不是件理所當然的事）。而我就像是個機器人一樣不停地工作，總是全神貫注在事情上，不往左也不往右看，一個禮拜只慢跑一次，去劇院看表演時總是直到人家按第三次鈴時才衝進去。

接下來還有所有競爭中最美好的一個：男人遇見女人，女人遇見男人。但是——他們也遇見了彼此嗎？而且是進入了彼此的內心嗎？我還記得很清楚，偏偏是我的哥兒們歐利維搶走了我即將追到手的當地珠寶店女兒。至少在我的感覺上是這樣，在珠寶店女兒的心中，歐利維在追求她的眾人之中一定是第一名，遙遙領先群雄。不過她的追求者也實在太多了，所以競爭相當激烈。但我也想要得到她，別人怎麼安慰我都是沒有用的。痛苦也可以

是很美好的！後來，我沒有跟其他追求者交手就直接跳進一位我認識多年的女性朋友的內心，就只是這樣，沒有在玫瑰園那裡焦躁不安的等待，事實上我們只是想要一起去喝杯東西而已。隨著時間推移，我在她上大學的城市認識了所有的對手，但勝負已經分明了。我是勝利者，他們對我來說能造成什麼樣的威脅呢？

這要看你拿自己和誰相比，你又應該拿自己和誰相比。跟誰相比，你毫不忌妒地（或也很是忌妒地）承認他／她就是比較好。若是你可以心安理得地不去在意這個人的聰明才智、口才，以及比你更好的一切，他在你的腦海裡，不管是在左半腦還是右半腦，就都無法占據一個地位！

■有時弱項反而是個人特質

還有一點要考慮的是，你不是只有弱項而已，你擁有自己的強項，老實說，你的強項也是很重要的。請把自己的強項寫下來！在樹立個人品牌的過程中，你的情況將會變得更清楚，真正的原動力和目標也是。如果你之後把大目標轉換成不那麼大、且可以很好操縱的部分目標，你將會看到自己哪一些強項特別有用；而弱項中哪些根本沒有那麼地顯著，相反地，還把你變得特別地可親，讓人更能夠親近你。你也將會看到，自己想要進一步發展哪一些強項，減少哪一些弱項。這是非常重要的，因為每個人都只有受限的時間和金錢預算，可以用來思考關於自己的事情

和改善自己的能力。

　　一如本書開頭所描述的，個人品牌術的重點在於發展一個可靠的敏感度，讓你明瞭在哪一些方面可以問心無愧地保留自己原來的樣子，而在哪一些方面做調整和增強是有意義的。愈少即是愈多，這裡也是一樣，如果你主要加強強項，而不是去削弱弱項，在一般情況下，你將能以更省力的方式達到目標。

　　曾經有個討論課的學員有很大的語音缺陷，說話時發音有點像介於咬著舌頭和把詞尾吞咽回去。這個男人接近四十歲，是個幸福的丈夫和從事自由職業的企業顧問，專精於商業過程管理，事業很成功。在研發他的個人品牌時，我們遇到了一個問題，他是否應該接受說話矯正訓練。我們很快得出結論，接受矯正訓練對他來說可能是完全錯誤的。畢竟：第一、他已經追求到心上人了；第二、他得到很多的委託案；第三、他的語音缺陷是其特質的極強烈表現。如果他突然像每日電視新聞的主播般講話字正腔圓，會是一個多麼大的特質損失啊！這是一個身分損失！一個討人嫌或甚至可惡的語音缺陷也可以是一個美妙的「錨」（後文第194頁的〈策略7：辨識度〉會有詳細說明），他的語音缺陷在此正是一個這樣的錨。

■有競爭才有進步

　　本章節主要是探討我們的競爭者，而我卻寫到強項和弱項，

事實上我們是沒有競爭者的，只有把他們變成競爭者時才會出現競爭者！他們很榮幸可以成為我們的競爭者！如果你只給非常少的人這份榮幸，這個討厭的名詞突然就會變成正面的名詞了。「市場陪同者」的數量將會逐漸減少，腦袋裡的儲藏空間將被清空，保留給更重要的東西。

把你在工作上和私人生活裡遇到的競爭者名字寫下來。但是：不要超過五個！而且要有好理由的才算，「說大話」這樣的理由不算。如果你想不到什麼值得欽佩的理由，就把這個競爭者從清單上刪除。如此，你的競爭情況就變得很具體了。然後就有一個重要的依據協助你判斷哪一些強項值得加強、哪一些弱項可以珍視，將它們視為珍貴的特質。正如同我的學員珍視他的語音缺陷一樣。

當我們勉強接受自己既不是愛因斯坦，也不是畢卡索時，驚人的事情就發生了：這項認知首先激勵我們進行思考，然後它成為了我們的信念。競爭會使業務活躍起來，事實上，也會使我們的業務活躍起來，這個業務毫無疑問地就是我們的生命。

由於像蜜蜂一般辛勤工作的人大部分是不會贏的，所以你應該將非常個人、非常特別的能力呈現出來，將它們包裝得很吸引人，證明它們可以帶來益處。成功商品的行銷人員也必須不停地做這樣的事。他們使用例如：市場研究和趨勢研究、社會環境、焦點團體和市場測試法等神祕工具進行這樣的事。我們在此的作業方法

比較有人性，也就是使用常人能夠理解的方式盡可能地推銷自己。

■ 分析對手，迎頭趕上

誰能夠評定，妙卡巧克力（Milka）和力特律動巧克力哪一個比較好？也許根本就沒有什麼值得一提的區別，但是這兩種巧克力的製造商都很清楚知道對方的一切。他們據此調整自己的策略：妙卡巧克力有滑順的融化口感和美味的阿爾卑斯山牛奶；力特律動巧克力有脆脆的配料和瘋狂的口味調配。這形成了區別，每一個巧克力製造商都有其死忠粉絲——以及鞭策它的競爭者。力魔者公司的恩斯特·布魯斯特以如此值得信賴、深具持續性，且聚焦在員工身上的管理學模式，帶領公司成為德國的市場領先者。反觀其競爭者，雖然也是個大型企業集團，卻不知道負責人是誰，所提供的機油、潤滑油和添加劑也不清楚是從什麼地方來的。然而力魔公司的產品則是在德國製造，公司一直深具特色，一個可以清楚辨認的形象。布魯斯特先生特別高興的是，他有強大的競爭對手。他們激勵著他總是再進步一點點，以免停滯不前，懈怠下來。

誰能夠評定，巴拉克·歐巴馬（Barack Obama）是否真的是個比較好的美國總統？也許希拉蕊·柯林頓（Hillary Clinton）完全跟歐巴馬一樣好，甚至更好也說不一定，就像很多其他聰明的人也是。但誰要來估量這一切呢？在爭奪成為民主黨總統候選人的

時候，他們兩個準確無誤地把自己最好的一面呈現出來。他們研發策略和辯論，將自己的強項濃縮成為「濃縮咖啡本質」，把自己包裝得很吸引人，充分發揮自己的魅力。但是希拉蕊忽略了一件十分重大的事情：分析她的對手。她不相信歐巴馬會給她帶來嚴重的威脅，畢竟她是比爾·柯林頓（Bill Clinton）的太太，而且美國還從來沒有出現過一個黑人總統。但最後歐巴馬沒有遵守規則，從右邊的車道趕上了她，沒有煞車，而且車速是如此地快，以致於她有種好像倒退開車的感覺。

■歡迎對手出現

當事情和你周遭人物有關時，想一想這些例子。並以專業、同時又符合你特質的方式來分析對手。如果你之後也擊敗了你最討厭的競爭對手，事後也像歐巴馬一樣具有高貴的情操，將對手延攬至你的內閣擔任國務卿的話（歐巴馬曾經提名希拉蕊出任國務卿），那麼清楚可見，擁有競爭對我們大家來說是一件多麼棒的事，對你來說是一件多麼能夠樹立品牌口碑的事。

在這個章節裡，你必須細心呵護強力品牌三角形右邊的那個角。知道自己的對手是誰，是件非常值得的事！

本節重點整理

- 本節主旨不是在於「沒有對手」，正好相反：你應該歡迎你的競爭對手！
- 了解你真正的對手，可以正確地評估他們，非常重要。
- 了解對手的人，可以清楚將自己的優點凸顯出來，讓其他所有人都感覺到。
- 強化你的強項，而不是削弱你的弱項。
- 一個主觀想像的弱項，經過真正的喚醒之後，可以是品牌特質極其強大的部分。

我的三個想法

1. _____

2. _____

3. _____

建議行動

❶ 把8號學習單「我的強項」剪或複印下來。想出十個你已經具有的強項，那些真正屬於你的強項，不是「空談」的強項，一如第63頁Part 1〈個人品牌強力鮮明的好處〉章節裡所描寫的。你儘管可以有點傲慢自大──反正你的品牌現在大家根本還看不到！但最後還是必須再次進行濃縮：縮小範圍，選出三個最重要的強項。這三個強項對品牌塑造來說尤其具有決定性的意義。其他強項則沒有那麼地重要。

❷ 把9號學習單「我的對手」剪或複印下來，依照當前的情況，寫下五個你在職場上的主要敵人；在公司裡的對手、在部門裡的對手，如果是自由工作者的話，那就是在你那一行裡的對手。

- 我有哪些具體理由說明他們真的是對手？

- 還是我只是相信他們是對手？

- 同樣的步驟，你也可以用在私人生活裡的對手上——家庭和親戚、朋友和熟人、社團和黨派……

- 他們做了什麼和我不一樣的事情？

- 他們做了什麼比我聰明的事情？

- 他們在哪些事情上做得比我好？

知道誰在這裡設置你未來要躍過的標桿是很重要的（參見品牌三角形的右邊那一個角）。

策略 3 獨特性：
決定是只融你手，還是只融你口！

從生物學的角度來看，你當然是獨一無二的，就如同世界上的每一個人。如果我們現在致力於強力品牌三角形左邊那一個角——你的特點——的話，這個獨特性將會再一次被凸顯出來，再一次得到不同的詮釋與理解。在此有以下兩個重點：

● 是什麼將你清楚地從眾人之中凸顯出來，讓人可以感覺得到，甚至體驗得到？

● 是什麼激勵人們對你產生更多的興趣、和你保持聯繫、聽取你的建議、雇用你……？

■ 從身邊周遭找出模範

如果你不像拉鍊、德莎強力雙面膠帶或迴紋針那般地獨特，要突出你的特點並不容易。這些東西都是你在尋找自己特點時的好榜樣，不過以真實的人，例如：帕沃‧魯米、烏爾里克‧邁法特、甘地或艾卡爾特‧封‧賀爾胥豪森博士作為模範更好。或者也可以拿完全不同的人來作為模範，重點是對你來說，哪些人是模範！是你的「鼓舞者」，能促使你深入思考、全神貫注在非常特別的特質或能力上面，並且仔細探究是什麼讓你變得非常特別

——如此的獨一無二。

　　想想看周遭之中誰是你的模範——以及為什麼是你的模範。在一般情況下，你的模範不是贏得奧運金牌者、暢銷書作家和思想家；更不是在《金氏世界紀錄大全》裡的閉氣紀錄保持人。倒不如說是日常生活裡的模範，一開始想起他們時也許還無法解釋為什麼，但在仔細思索之後，應該就可以解釋他們為什麼是你的模範了。為了確定是什麼讓這些人成為模範、為什麼他們具有這個「某種東西」，以及如何明確地掌握這個「某種東西」，最好將你的模範最具體的特徵寫下來，不過要避免使用例如「勇敢」、「有耐性」、「強壯」……這一類的陳腔濫調。請精確點、具體一點寫下來！事實上真的有更強而有力的字眼，例如「體貼入微」、「無私」、「令人信服」、「樂於助人」、「公平」、「友好」、「有幽默感」……之類的形容詞。我深信：隨著時間流逝，一切都將會明朗，你將非常清楚地知道，為什麼自己常常想要和格爾德或寶拉一樣，甚至想和你的合唱團指揮梅須歐先生或審查部那位有博士頭銜的史珽娜斯女士一樣。

■天然獨特賣點可遇不可求

　　不是每個人都能像拉鍊一樣擁有一個絕對獨立的獨特賣點。或者是像「有機汽水」（Bionade）一樣。有機汽水是全球唯一像啤酒一般釀製的汽水。因為大家都不約而同地覺得有機汽水的

味道很好，環繞著有機汽水的故事也很棒，以致於這個來自倫山
（Rhön）的公司賺錢就好像是在印鈔票一樣。事實上，這個有機
汽水，來自一個幾乎破產的小釀酒廠。現在小釀酒廠成功了，向
市場上的大品牌，尤其是可口可樂和百事可樂，證明了什麼才叫
做品牌。有機汽水是用天然材料製成的，是真正釀造的！這其實
是個完全不重要的特點，但又不是不重要：「釀造的」聽起來就
是很棒，比「攪拌的」或「混合的」好多了。我們的腦袋會出現
新鮮釀造、新鮮汲取的啤酒圖像。啤酒在製作上可是比軟性飲料
昂貴多了，我們如此詮釋這個純度規定，而且還是有機的喔！

　　你不用執著自己是否可以找到一個一樣了不起的特點，除非
你是喬治·克隆尼（George Clooney）。喬治·克隆尼有什麼樣的特
點呢？根據我們公司裡年輕女同事的說法，他是目前還活著的男人
中最性感的。一個自然的特點，是我們對外貌賦予的理想。所以他
被邀請拍攝好萊塢電影，賺很多的錢，讓女士們感到開心。或者，
你是麥克·克魯格（Mike Krüger），那個有個大鼻子的男人。他的
特點正是鼻子。這也是一個自然的特點，是我們對超出身體標準部
分的好奇心所賦予的。他的鼻子是其資本、其生命基礎。他認出了
這個特點，利用這個特點做了很多事情，賺了很多錢。

■認出自己的特點價值

　　以下是我為喬治·克隆尼和麥克·克魯格寫的特點（順道一

提，他們並不是我的委託人）：

喬治．克隆尼：「我的外貌完美地符合西方女人和名人報刊的當代審美觀。在粉絲眼裡，我的外貌與我交際界名流派頭的風度及狡黠的魅力協調一致。這樣的混合讓我有著極大的誘惑力，在電影院裡和在廣告裡皆是。」

麥克．克魯格：「我的資質平庸，但個性開朗，不會想太多。我的想法都很有趣：我說故事，娛樂大眾。我的鼻子是個具有宣傳效果的品牌標記。它在哪裡出現，人們就知道那是麥克．克魯格。」

比上述這兩位人士更有可能的是，你的美麗一般（對你的伴侶來說，你則是全世界最美麗的人），還有你擁有一個平常大小的鼻子（你可能認為太小或太大）。你也許不能親吻自己左邊的屁股（如果可以的話，你就會名列金氏世界紀錄，或者是成為〈天賦異稟的身體〉的精采節目，或者是兩者皆是），你也不是這周圍一帶反應最快的倒敘演說者，一如〈思考劇場〉（Think Theatre）裡的伯恩哈德．沃爾夫（Bernhard Wolff）那樣。前面已經說明過，本章節的重點是在仔細定義你的特點，並且進一步塑造你的特點。我向你保證：你也有一個強大、不會讓人混淆的特點可以作為強力品牌的基本成分。極有可能的是，它已經清楚鮮明地形成了，也一定發揮了作用。你只需要努力把它提煉出來，認出它的價值，把它呈現出來，並且──非常建議你這樣做！──

有計畫性且有效地運用它。

■ 有時直言不諱也是特點

　　我想到鮑勃・格爾多夫（Bob Geldof）。我在因特拉肯（Interlaken）的國際阿爾卑斯山學術討論會上見過他。這個學術研討會是活躍在旅館界和大型活動的企業家，且鐵定是個真正品牌的歐利維・斯多爾德（Oliver Stoldt），每年在維多利亞少女峰溫泉大飯店（Hotel Viktoria-Jungfrau）舉辦的。我也許某天會忘記鮑勃・格爾多夫說過些什麼，但我將永遠不會忘記他如何說那些話。他曾經是「新城之鼠樂團」（Boomtown Rats）的主唱，我好像有點印象，但我更有印象的是，他曾經組織了1980年代的「拯救生命」（Live Aid）演唱會。我記得很清楚，這個支持非洲受歧視民族的積極份子要求已開發國家不要光說不練，而是要採取行動。這個男人在舞台上來來回回地奔跑，舞台下也許坐了500位的聽眾，他就像是在射擊棚旁跑道上奔跑的兔子，難以瞄準。鮑勃・格爾多夫簡直是電視從業人員和攝影師的惡夢。他完全沒有做到我視為模範的演說者和訓練者建議的：最好是站在一個地方，友善且堅定地面對著聽眾，至多在台上從容不迫地來回走動，但絕不能像格爾多夫那樣經常用手指頭指著別人。

　　鮑勃・格爾多夫受到使命驅使，提到孩提時期的他住在愛爾蘭某個叫敦勞黑爾（Dún Laoghaire）的地方，窮到沒有鞋子穿；而

其對音樂的熱愛最後如何將他從貧困中釋放出來，所以他今日能夠如此地為非洲出力。他說，直到世界上的強國承認有責任拯救非洲，終於採取行動之前，他都不會鬆懈下來。他演說時，靜得連一根針落下也聽得見，人們幾乎可以聽到空氣輕微振動的聲音。這個著了魔似的男人就在我面前的舞台上跑來跑去，揮舞著雙手，愈說愈熱切，他發表支持沒有機會的人的演說，因為這些人的損失我們大家才可以坐在這個超棒地點的超貴飯店內通風超不好的大廳裡。最後他指著舞台下的人們，用一個句子結束他的演說：「全部的骯髒錢通通在你們那裡——把它吐出來！」你知道長時間鼓掌前寂靜的五秒鐘感覺起來像是五分鐘是什麼樣的情況嗎？

■ 將焦點聚集在感興趣主題上

我想到黛安娜王妃。我讀過和聽過很多關於她的事情（當然只有在剪頭髮的時候），對她有一些印象。人們相信一些街頭小報的報導，認為黛安娜王妃的一些事蹟根本不足以做為榜樣。然而，不管報導如何，還有完全撇開關於她死亡的種種臆測，我的腦海裡只有一個關於她的畫面依然歷歷在目：黛安娜王妃在非洲的一個部落裡，跪著，手裡抱著一個飢餓的嬰兒。再也沒有一張黛安娜王妃的圖片具有如此大的說服力，再也沒有一張圖片可以如此強烈地把她的獨特性表現出來了。

黛安娜王妃的特點是什麼：「深受人民愛戴的王妃」？鮑

勃‧格爾多夫的特點是什麼：「致力非洲事務的積極份子」？這樣說應該是八九不離十。為什麼他們會有這些特點呢？起決定性作用的一定是一個強大的原動力、一個深為關切的事情，讓他們不想只侷限在搖滾歌者或王妃的角色，而想要利用這個因為能力——尤其是因為幸運和命運的安排——而獲得的角色來做更多的事情。起決定性作用的是他們將全副焦點放在感興趣的主題上（請參考第122頁〈策略1：聚焦〉），而這個特點感動了我們、讓我們感興趣且引起我們的好奇心，我們想要知道更多，並且因為鮑勃‧格爾多夫的關係前往因特拉肯參加國際阿爾卑斯山學術討論會，因為黛安娜王妃的關係我們甚至在沒有去理髮廳的期間還關心她在做什麼。換句話說就是，這些人具有重要性（請參考第155頁〈策略4：重要性〉）。

■獨特賣點也可以是人造的

在個人品牌術方面，一切都有關聯。正如同一張蜘蛛網上有很多橫向聯繫，品牌的個別組件之間也有很多的橫向聯繫，重要的聯繫絲線通往品牌核心。成功因素的界限是模糊的，它們絲絲相扣，緊密地連接在一起。這對強力品牌來說是很好的。所以，在你為了這個「模範功能」，深入地研究你的模範，開始樹立自己的特點之前或之後，你可以往前翻頁和往後翻頁，略微改變和劃掉品牌牆上你似乎找到了的東西，補充新的進去。就放手去做

吧！你的印表機裡一定有足夠的紙張！

回過頭來想想巧克力：也許M&M's是你最喜歡的巧克力。也許你之前最喜歡的巧克力是Treets，只是有一天再也沒有這個裝在沙沙作響的黃色袋子裡的Treets巧克力了，Bonitos也一樣。美國的瑪氏甜食公司（Mars）現在也將它們從德國的市場撤出了，並且打算讓我們習慣那些帶有滑稽漫畫人物圖案的巧克力豆。換句話說，Treets被M&M's花生巧克力（黃色包裝）取代了，Bonitos被M&M's各種不同口味的巧克力（棕色包裝）取代了。這樣做很冒險，畢竟還有其他的巧克力豆可供咬嚼，例如：聰明豆（Smarties）和麥提莎巧克力小球（Malteser），還有低價折扣店裡所有不知名，但銷售量卻占市場大宗的巧克力品牌。當M&M's於1980年代中期進軍德國市場時，一開始要立足並不容易。行銷人員也知道這一點。所以他們馬上將想出來的人造獨特賣點「只融你口，不融你手」這句很棒的口號帶進德國。（M&M's當初被研製出來，就是為了不讓巧克力在士兵的手裡融化，讓士兵也能吃到巧克力。）

■從普通躍為突出

事實上M&M's也只不過是由糖和卡路里組成的。然而，因為這個響亮的獨特賣點，為了孩子，也為了自己，媽媽們和爸爸們喜歡購買M&M's。祕密就在於這個強大的獨特賣點所傳遞出來的訊息：啊哈，是在嘴巴裡才融化！包覆著巧克力的彩色糖殼辦

得到這一點，完全不同於它強大的競爭對手——雀巢公司的聰明豆。我們都還記得那愈來愈軟的巧克力豆讓我們滿手五顏六色又黏糊糊的景象⋯⋯

　　M&M's是一個很棒的人造獨特賣點，也是一個非常普通的巧克力如何在很多巧克力商品中顯得十分突出的好例子。當你致力於品牌三角形左邊那一個強力的角，並且一樣深思熟慮地塑造自己的特點時，想想M&M's巧克力吧！當然，這個策略應該與它在你周圍的人身上能夠引起什麼有緊密的關聯，正如同M&M's巧克力在超市的「哭鬧區」能夠引起什麼一樣。這一切都和「重要性」有關，M&M's巧克力（和你）的重要性如何，在下一章節你將會知曉。

本節重點整理

- 就如同最喜歡的商品在你眼中是非常特別的，你在周遭的人眼中也可以是非常特別的。
- 你不用為自己尋找一個全世界真的罕見的獨特賣點。不值得花費這個力氣，因為你極有可能找不到。
- 然而，你肯定找得到自己的特點。它讓別人感受到你是一個獨一無二的人。
- 你的特點是你突出的能力和你可以用這能力做出什麼的緊密配合。
- 你的特點造就吸引力效應：人們想要知道你更多的事情、親眼見到你、聆聽你說話、向你學習。

我的三個想法

1. _____

2. _____

3. _____

建議行動

❶ 將10號學習單「我的模範」剪或複印下來，根據目前的看法，寫下五個在職場上對你來說最重要的模範，還有這些人成為你的模範的原因。同樣的步驟，也可以運用在私人生活裡的模範上。即使是私人生活，知道誰成為你個人品牌要躍過的標桿也是很重要的（參見品牌三角形右邊那一個角）。

❷ 把11號學習單「我的特點」剪或複印下來，擬定你在兩年之內真的要把它變得非常特別的事情是什麼。這一個章節的兩個名人例子可以給你作為參考，本書最後一段我的委託人雅思敏·左恩、佩爾·梅爾藤斯博士和碧姬·飛格特的例子也是。為了要寫出極少但極具重量的東西，你最好再一次閱讀第91頁〈品牌三角形〉那一章和左邊第一個有關的段落。你至少需要五次重新開始書寫，還有多次修改，一再替換這裡或那裡的文字，才能找到一個真正恰當的特點（我和我的委託者也為每一個詞絞盡腦汁）。此外，你也必須和周遭兩個或三個真正具有批判性的培訓伙伴進行有批判性的對談才行。你的特點將和個人品牌的其他組件一起發展。全部都一起成長，一起趨於完善，一起變得強大。請騰出必要的時間做這件事吧！

策略4 重要性：
讓自己值得別人和你進行一場好的爭論！

　　當人受到批評，或某個人竟然找他吵架時，人們會生氣。我們大家都是這樣子的。從孩提時候開始，我們就想要被喜歡、被讚美、被愛。但被批評？馬上心生反感：這個人到底在想些什麼啊？他到底在囂張什麼啊？我們很快就會跟著吵起來了，以致於常常無法理會隱藏在批評裡的訊息。然而，我們應該站到人前去，大聲地說：批評我，你們這些圍觀者，不過別忘了給我訊息！給我很多的批評，我受得了！然後你可以自己決定，你要接收哪一些批評。特別是之後你可以對自己說：我值得他人仔細打量我、評估我、批評我。真是太棒了！至於這個他人這樣做有哪些目的？則是另外一回事了。

　　處於警戒狀態時的我們很快就忘記去注意，「批評」是一種對人或事實情況表示重視的討論形式；是一種審查性的評論和斟酌。尤其是，批評不只是負面的，一如我們所普遍認為的。確切來說，「批評」有正面的批評（稱讚、肯定）、負面的批評（指責）、特別有建設性的批評，目的在於改善狀況，以及與之相反的，破壞性的批評（例如毀滅性的毀謗）。這其實很合乎邏輯，畢竟戲劇批評通常不只是負面的，它是對表演的批判性分析，從讚美到指責到全盤否定所在多有，端視評論家的意見如何。我在

擔任電視評論者的那幾年也有同樣的體驗。主要是發現，發火和抱怨比說出肯定和讚賞的話語容易多了（我們抱怨的詞彙量比讚美的詞彙量大很多）。為了你自己，請盡量突出「批評」這個詞的優點：批評不僅是有正面的，也有負面的。最重要的是，你從批評中學習到了什麼。

■認出批評的目的

從前，當我還是個孩子的時候，總是很高興得到正面的批評：「你做得真棒！」即使我只是大約正確地讀出鐘錶上的時間而已。「那是一輛很漂亮的小火車！」即使那是我用衛生紙捲筒做的第二十輛小火車。「這是一張棒極了的成績單！」即使在「操行」那一格裡寫了一個「3」。我們需要這一類的讚美，在往後的人生也是，直到生命的盡頭，即使讚美有時候太過阿諛奉承了也一樣。這類的讚美是教育、我們的文化和社會交際往來的一部分。

當我後來有次受到負面批評時——我那好爭論的媽媽（親暱說法，沒有負面意思）把我帶到廚房去坐在她的懷裡，我們一起弄清楚一些事情——我很快就處於警戒狀態：我大哭大叫、氣到牙齒打顫，心想她不再愛我了嗎？你一定也有過這樣的體驗，那些景象深深地烙印在腦海裡，更不用提那些我們不能吃餐後點心，得馬上上床睡覺的景象了。後來，類似的情況在學校、在朋

友圈、在接受職業培訓和上大學的時候、在工作室和辦公室裡繼續發生。有時候我們可能會認為，每個人都想要從我們這裡得到什麼好處、非難我們、發洩他因忌妒而產生的沮喪情緒。根本就不是這個樣子！我們只需要認出別人為了什麼目的而批評我們，批評裡隱藏了哪些訊息就可以了。

珍貴的批評是在讚美和指責之間仔細斟酌過後所發表的言論，因為純粹的讚美和純粹的指責都不是珍貴的批評。光和影只有在交替變化的時候才能畫出一張生動活潑的圖畫。批評就像是個自助餐檯，我們在「批評自助餐檯」上拿自己喜歡吃的餐點。餐檯上不僅有甜甜的、容易令人發胖的食物（高度讚美和給疲憊靈魂的安慰），也有富含維他命的營養食物（嚐起來的味道不像容易令人發胖的食物那麼好，但是可以吃，給人力氣和能量）。剩下的那一大堆不會帶給人力氣，也沒有什麼好滋味的食物，我們連碰都沒有碰。

■ 有建設性批評是重視的表現

最好的批評是有用的、實質的、沒有要貶低別人的意思，就像我媽媽批評我一樣：你可以感受到別人對你的關心。你有他人也想要有的某些東西，他力求獲得你的好感。最重要的是：你對他來說不是無所謂的。這不是很棒嗎？我覺得很可惜的是，當有人可以在兩間餐廳裡選擇一間，在兩件極漂亮的洋

裝裡選出一件，在少數幾個挑選出來的旅遊目的地裡選出一個時回答「我無所謂」。「黑爾戈蘭島（Helgoland）或格勞賓登州（Graubünden）？我無所謂！」講這句話的人，在鄰居被闖空門的時候，也許也會想「這對我來說根本是無所謂」。當你遇見他時，他再度按下「無所謂」鍵。你對他來說就像空氣、路人甲，沒有重要性。如果那不是跟你親近的人，可能沒有問題。但如果是你重視的人，比如說你的伴侶、孩子、好朋友和最喜歡的同事，那就不是那麼一回事了！如果他們也按下「無所謂」鍵，你走開還沒繞過轉角，心裡恐怕就開始難受起來了。

當你的上司請你來談話，從行程滿檔的當口時間表裡騰出半小時給你，你是不是也會有上司很重視你的想法嗎？如果這是個你可以信賴他意見的人，那麼他會清楚告訴你他的想法、給你正面和負面的批評、用例子和事件來鞏固他的批評、詢問你的看法、與你討論出非常具體的辦法，好進一步發展正面的事情、改變負面的事情。撇開他利用你的能力提高企業的盈利不談，這個人對你、你的本質、你的意見、你的存在其實是很感興趣的。去感覺、去看清楚那裡面確實有什麼，可以是很值得的！

或者是你最要好的女性朋友特地前來請你一起到對街的小餐館喝咖啡。你們一直是親密朋友，是患難之交。但是今天你的朋友想要說出一件煩心的事情：她狠狠地斥責你，問你上個星期六跟卡琳說了「那件事」之後為什麼突然那麼激動？在大庭廣眾之

下！你不可能醉成那個樣子吧！現在你可以選擇：要嘛你跳起來衝出去，沒有付錢，回家後把電話線拔起來，嘿著嘴生悶氣，讓事情自己平息。事情總會再度恢復正常的！要嘛，即使這樣做很困難，你仍豎起耳朵仔細聽，且清楚感受到：她很擔心，願意騰出時間跟我進行一場困難的談話。哇！她不必這樣做的！她似乎很關心我！前提是，對談在此也充滿了尊重和具有建設性，那麼你就值得她和你進行一場好的爭論。你對她來講很重要，你有你的魅力，散發出某種吸引力，甚至在犯了錯誤，惹卡琳生氣之後仍然是她的一個模範。

■ 重要性＝社會貢獻度

當你留下一個難以磨滅的印象，正面的和負面的都是，你就擁有行銷人員稱之為「重要性」的東西。你讓他人感興趣，你對他人來說很重要。「重要性」這一角位在強力品牌三角形的上方。本書開頭時我們就提到，當一個品牌使觀感兩極分化、有稜有角時，才具有重要性。這也適用於你的個人品牌。當你具有重要性時，「人很好」和「對我來說無所謂」這樣的評論就比較不會出現在你身上，而周圍的人對你也會有個明確的評價，這個評價和你的品牌一樣獨特。這個評價是正面的或是負面的，取決於很多的變數，尤其是取決於個人品牌術的成功因素。

一個商品有被批評的能力，就有其重要性。這個重要性在

行銷上一般與商品的功效畫上等號：這個躺在、位在、行駛在所有其他一開始完全相同的商品中有什麼不一樣的功效？換言之，這一塊巧克力、這一個吸塵器、這一輛車的功效是什麼？除此之外還有我們在介紹品牌三角形的時候觀察過的商品：拉鍊、魔鬼氈、輪子、德莎強力雙面膠帶、迴紋針的功效是什麼？它們的功效讓它們有被批評的價值，我們覺得它們很好或是不好。很少人會對這些商品完全沒有想法，覺得無所謂的。

「功效」在人方面聽起來有輕蔑之意。因此，我們在此談論你對周遭環境的功效時，說的也就是你對社會的貢獻。你愈清楚地聚焦、愈和競爭者有明顯的區隔、愈鮮明地凸顯你自己，你就更有明確的定位，更能實現你的社會貢獻，讓他人感受得到。

■以特點找出社會貢獻

有些人和商品對我們來說是無所謂的。電視節目裡那些住在「熱帶叢林營地」和貨櫃裡的居民[8]，對我們之中的很多人來說是無所謂的。可以用USB連接電腦的加熱眼罩也是。給週末無法開車去採石場的越野吉普車車主噴在車子上面，讓車子看起來髒髒的，好像去採石場跑過一圈的噴劑也是。我們不買那些東西，我

---

8 譯註：指的是參與「真人實境秀」的人。〈熱帶叢林營地〉（Dschungelcamp）又名〈我是明星，救我出去！〉（Ich bin ein Star – Holt mich hier raus!）是德國一個真人實境秀電視節目。

們不傾聽那些人說話。反之，只融你口、不融你手的M&M's巧克力具有重要性。德國人也喜歡買M&M's巧克力，因為——注意，功效！——所有的父母都想要確信，孩子喜歡吃這個東西，並且吃了之後能夠終於安靜下來。此外，更重要的是，孩子在吃巧克力和安靜下來的同時不會把坐墊弄得骯髒不堪。

喬治‧克隆尼的社會貢獻是什麼呢？很難說。關於此事，人們也許可以在固定聚餐的餐桌旁挑起一場真正的論戰。論戰看是在女人的聚餐桌舉行，還是在男人的聚餐桌舉行，得出來的結論將會非常地不同。以下是我為喬治‧克隆尼寫的社會貢獻，是以他的特點為基礎寫的：

「我拿我的魅力做實驗，我不太把自己當一回事。我負責讓女人做更瑰麗的夢，男人有個典範。我給予美好的想法和像童話一般的故事素材，給在艱困時期的人們一個情感的原鄉。我是部吸引人的電影！」

你也用學習單「我的社會貢獻」試著寫寫看喬治‧克隆尼的社會貢獻吧！你可以為喬治‧克隆尼寫出更清楚、更具體的社會貢獻，讓這個描述只適用於他（而不同時也適用於休‧傑克曼〔Hugh Jackman〕），而且也還又簡潔有力。（街頭小報和我的年輕女同事們都聲稱，傑克曼差不多已經接替喬治‧克隆尼「還活著的最性感男人」的地位了。）

■不再無所謂

以下是我為麥克‧克魯格寫的社會貢獻，也是以他的特點為基礎寫的：

「我逗人發笑，因為我作為『來自群眾為群眾的人』，明確指出人們的過錯。在我這裡，人們可以為蠢事感到高興，這讓人感到無憂無慮又快活，有一個片刻忘記所有的煩惱和沉重的負擔。我是『德意志米歇爾』[9]（Deutscher Michel），存在我們每一個人身上。」

鮑勃‧格爾多夫又為社會做出了什麼樣的貢獻？請試著以貼切、到位地描述他。在此提供的資料也許有先行者、鼓舞者、不怕大型動物、逼迫強者採取行動、拋開傳統……這些面向。黛安娜王妃的社會貢獻又是什麼呢？組成部分可以是：博愛、以行動取代說話、受到認同的人物、帶來希望者、使人團結者……

擬定你的社會貢獻的方式和擬定你的特點的方式完全相同：你的社會貢獻首先還是一個一廂情願的想法。可以斟酌比較每一個詞，為這個想法或那個想法尋找更確切的表達方式。不妨一再審查自己想法的正確性，還有可行性。如同在第21頁導論中〈本書使用建議〉那一章節開頭所描述的：你應該給個人品牌大約兩年的時間，讓它發展進你給它的框架裡，成長得生機盎然。

---

9 譯註：「德意志米歇爾」是德國的一個國家化身，這個稱呼起源於近代早期，
　今日只還能在諷刺畫中找到。

你的特點是可以履行的嗎？你的社會貢獻是可以履行的嗎？畢竟它們是你的品牌中兩個非常重要的基礎。你將可以根據品牌的生命力強度來衡量樹立品牌的過程成功與否。一些面向今日已經成真，一些面向應該即將成真。它們的密切配合有助於讓你的品牌到位；作為你是誰、你是個怎麼樣的人、你做什麼和放棄什麼的核心。但是，你將不會獲得所有人的認同、虜獲所有的人心。是的！換句話說只有非常少的人，比如知名的思想先驅、演員和運動員，他們代表著這類大眾化的主題（世界紀錄、和平革命、登陸月球……），以致於他們能夠成功地、毫無例外地受到所有人的喜愛。更確切地說，品牌意味著尖銳化，尖銳化在一般情況下意味著觀感兩極分化。將會有人清楚地察覺到你的特點和社會貢獻，因此懂得賞識你。然而也會有其他人正是因為如此而不理睬你。但最重要的是，將會有較少的人認為你對他們來說無所謂。這是你理應得到的反應！

■ 有人談論就有重要性

在「無所謂因素」出現之前，就避免它吧！我希望你周遭那些親愛、認真、值得珍視的人偶爾對你清楚、毫不含混、總是有建設性地說說他們的想法。人們對你感興趣，竭力爭取你，那麼你就有重要性了。有人談論你，即使只是流言蜚語和胡說八道，也是絕對可以的。要是你突然發現那些話語讓你感到很困擾，請

像名人那樣看待那些話語吧：街頭小報寫了一些無聊的東西，真是討厭。但更討厭的是，如果街頭小報根本什麼都不寫的話。你就表現出慷慨寬容的態度吧，然後寧可什麼都不回應。他們最氣你什麼都不回應了。

本節重點整理

● 你讓自己意識到，有建設性的批評是很寶貴的、值得重視的。
● 聽到批評時，應該仔細傾聽，將正面批評和負面批評區分開來。什麼是真的？我能從中學到些什麼？
● 你為自己寫的社會貢獻應該強大到不管你如何與自己及少數知道你計畫的人做思想鬥爭，都找不到更強大的地步。
● 把「無所謂」從你的詞彙裡刪除吧！你批評那些似乎認為一些重要的事是無所謂的人，如果你覺得值得和那些人進行一場好的爭論的話。
● 你學會欣賞人們談論你。如果他們一派胡言，你的微微一笑是最鋒利的刀劍。

我的三個想法

1.

2.

3.

建議行動

在12號學習單「我的社會貢獻」裡寫上，有你，世界和人類有什麼好處；在此再度強調，這是指兩年後，不是現在。你也可以以本章提到的名人和我的三個委託人作為範例。一如撰寫你的特點，在針對自己的社會貢獻進行撰寫工作時也需要有耐心、劃掉很多的單詞和揉掉很多的紙張（參見品牌三角形上面那個角）。

策略5 品質：內外俱佳，表裡如一！

你應該認識一些之前說得天花亂墜、之後卻什麼都做不出來的偽君子和吹牛大王吧？在我還在擔任計畫研製者和撰稿員的時候，曾經在漢堡的一個廣告公司有過一個非常特別的老闆，我甚至因為他臨時同意我去上班而特地搬到德國北部去。他皮膚曬成古銅色，頭髮用吹風機吹得一絲不苟，講了很多和馬約卡島（Mallorca）與易北大道[10]（Elbchaussee）兩旁餐廳有關的事情，香菸抽過一支又一支。他是我的上司，根據我的理解，他的任務還有領導和激勵同事。我還記得這位先生說過的唯一一個句子（10個星期之後一切都成為了過去）：「班特大師，我有一個棒極了的Line，你必須想出一個更好的來超越它！」「Line」在此指一個廣告或小冊子裡的一頁的標題。看樣子，我們似乎有一個內部的創意競賽，而我一而再、再而三地有什麼東西必須去「超越」。

■ 是栽培還是阻礙？

當我們興致勃勃地來到一座新城市，然後遇到一個人，他不是栽培者，而是阻礙者的時候，那感覺真是寂寞。他不值得我跟

---

10 譯註：「易北大道」為漢堡的一條大街，總長8.6公里，兩旁矗立著很多重要的豪宅與別墅。

他進行一場好的爭論，我頂多值得他跟我吵架而已。在此誰該承擔責任——我的老闆還是我？現在我知道了：是我。撇開「赴償債務」（Bringschuld），還有「往取債務」（Holschuld）不看，當時的我沒有正確估計事情的能力，沒有這個直覺，可以在事前面談的時候從一字一句中揣摩出真實情況。當時的我也沒有人生經驗、極佳的情緒智商等彌補這個不足。我上了自己的當了。我最後的感覺是：他外表光鮮，但內在，如果是涉及到實質內涵、價值觀和禮貌規矩的話，一點都不光鮮。（也許我的前任老闆對我的感覺也很類似。畢竟跳探戈也要兩個人才跳得起來。）

　　我承認我被寵壞了。之前在廣告業的巔峰時期，我曾經非常幸運地和當時的「廣告業教皇」米歇爾·施爾訥一起工作過一段時日。撇開我的父母，他是我最早的良師益友和前輩。他是個一流的學者，在日常生活中也很誠懇待人。他是如此地內外俱佳、表裡如一！他共同籌畫了當時很多的大型運動、收集重要藝術品、坐鎮在杜塞朵夫市中心一棟雪白的廣告公司裡一張巨大的黑色書桌旁、一輛更巨大的賓士車負責載送他，而且香菸也抽過一支又一支——這是唯一一個和我漢堡的老闆共通的地方。當時的我還是一個撰稿實習生，我的登山車在光天化日之下在公司的後院被偷走了之後，米歇爾走到我的桌旁，打開皮夾，送給我500馬克讓我買一輛新車。這件事讓我永誌難忘。除此之外，我們還有好幾年的時間一起密集交換想法、為最好的措辭爭論、製作在

《明鏡週刊》（Der Spiegel）裡的雙頁廣告、通宵達旦地工作，還有超棒的假期。我們值得每天、每晚和彼此進行一場又一場成果豐碩的爭論。

■ 金玉其外，敗絮其中

　　米歇爾‧施爾訥是一個和他人一樣居於領導地位，且知道如何在人前呈現自己的人，但他就是和別人不一樣。在此我們明顯看到，當我們感覺一個人時，感受到的是：他以超出其本身的價值推銷自己，還是以低於本身的價值推銷自己？我們對他有好感嗎？可以信賴他嗎？我們受他雇用或是雇用他？我們可以借他20歐元嗎？我們能把度假屋租給他嗎？開頭的5秒鐘算數，以及人們常常引用的那句話「你永遠沒有第二次機會打造第一印象」，在在說明了第一印象的重要。如果我們之後還相信梅拉比安教授和其「7-38-55定律」（詳見第56頁）的話──外表、包裝就占這個印象的55%，換句話說，外貌就給個人品牌術一個非常大的機會。這不是很棒嗎？一條精美的披巾、擦得亮晶晶的鞋子、乾淨俐落的褲裝和真正玳瑁做的髮夾……人要衣裝、佛要金裝，完美的登場就成功了，人們肅然起敬，給予大量的預先信任，聽任擺佈。很多人甚至還會拿錢給他，這樣的現象，我們從「餽贈圈」[11]

---

11 「餽贈圈」是老鼠會的一種。

（Schenkkreis）和其他老鼠會，一直上綱到美國的證券交易所都一再看到。套句機靈鬼喜歡說的話，笨蛋是不會死光光的，且有時候我們不得不發現，在變化多端的股市和房市裡，我們手中的股票和房地產已變得毫無價值、形同廢紙了。

　　一個強力品牌的特點是表裡如一；表面不是太厚，絕對不是用堅硬如石的混凝土做成，否則它就會像是個盔甲，我們無法接近躲在表面後方這個真實的人。你認識這樣的人嗎？和他接觸，你總覺得有什麼地方不對勁，他就像是被遙控了一般，是個了無生命的空殼，沒有靈魂。他雖然打開了微笑開關，卻是一個沒有喜悅的微笑。他說溫暖、大有希望的話，但眼睛卻呈現完全不同的語言。這雙眼睛甚至還注視著你，但他的思緒不知道已經飄到哪裡去。你早晚會注意到這點，這是好的，因為我們在日常生活中遇見的許多偽君子和吹牛大王，最後一定會引起人們注意的。他們甚至會沒辦法繼續維持美好的假象，因為長時間迷惑他人、吹牛、演戲和追求表面功夫也是非常累人的。即使將表面塗上五彩繽紛的色彩，有一段時間成功地造成錯覺，但不久之後表面將開始一塊塊地剝落，裂痕和破洞隨之產生。

■他者意象隨侍左右

　　你在研發自我品牌的時候以及之後，身邊應該都要有二到三個具有批判性的人伴隨著你。他們從外部給你內行的見解，所謂

的「他者意象」（Fremdbild）。這件事情非常重要，即使如今我的品牌已經建立起來了，我依然還是這麼做。因為儘管我們認為自己很精明、謹慎、有經驗，仍然會有自己的「盲點」或「隧道視野」！社會心理學家如此稱呼我們根本不再察覺，但周遭的人卻清楚注意到的行為方式——怪癖和習慣，偏好、反感和偏見也是。當我們筆直往前跑的時候，是看不到左右兩邊很多東西，就像是在一個黑暗的隧道裡，只有遠處的光亮吸引著我們，誘使我們向前奔跑。我們草率地思考並執行所有的事情，當有人偶爾明確地指出我們的過錯時，才會意識自己哪裡做錯了。（至於我們之後採納了什麼建議，則是另外一回事了。）

通常和我們非常親近的人，並不適合提供有建設性的他者意象。他們大多想要成為我們親愛的朋友，而不是提供個人品牌有建設性意見的批評者。所以最好的是——在進行這項計畫時，寧可為自己尋找真正開放、真正具有批判性的人（不要和無所不在的發牢騷者和愛找碴者混淆了），你們互相值得彼此進行一場好的爭論（詳見第155頁〈策略4：重要性〉）。這個人也許是公司裡和你交情不錯的熟人，因為他說的正是他想的。而次要好的朋友也比最要好的朋友適合。「少即是多」的原則也適用在給你批判性意見和指出你過錯的人身上。當然也要避免徵求太多的意見，總是詢問十個人的意見，得到十一個看法，只會讓人感到更迷惑而已，而不是讓盲點變得明顯，讓隧道變得又寬廣又明亮。

■真我與表象的調配

好的「給予他者意象者」可以看到表象的後面。每一個人都有一個表象，自從我開始研究情緒的智慧與直覺的力量之後，我特別注意這點。在他人身上，我是出於興趣和因為工作的關係而開始注意的。但我主要是把注意力放在自己身上：只有當人們可以感受到我，可以隱隱約約地體會到我的終極原動力、我的社會貢獻，可以清楚地看到我的特質時，我才能站在舞台上，為我贏得眾人的好感、娛樂他們，以及有建設性地讓他們感覺到事情與自己有關係；不管是討論課裡的10個人，或是一個軟體企業國際銷售會議上的1200個人，都是一樣。如果這個表面不是用混凝土和石頭，而只是用木板做成的——木條之間的空隙很寬，努力去看還是可以看過去，那麼表面就不會太厚，不會看不清楚後面的東西。抑或是，表面是用毛玻璃做成的，看起來隱隱約約、朦朦朧朧的，卻可以清楚看到後面很多的東西。

當你站上舞台時，讓自己意識到你的表面材料、質量，特別是厚度為何吧！當每週一會議站在同事的前方時，或是在黨派地方協會會議上講解地方代表機構選舉的策略，甚至是競選市長職位的候選人時，也請這樣做吧！讓人們感覺到真正的你，還是感覺到你的表象？這裡面有多少部分是你，有多少部分是你的表象？你又受到外界多大影響，尤其是受到什麼影響、被誰影響？這情形在麵包店、在行政機關或當顧客打電話給你（人們也可以

透過電話感受到你的表面），或是你向一個客戶提供意見時是什麼樣子呢？假如你在演講、演出或主持會議之前安插一個「路緣旁的一分鐘」，你就可以好好地傾聽自己內在的聲音了。你在電視、藝術節和有紅地毯的頒獎典禮中一定看過這個：當車門被打開時，明星和初露頭角的明星被攙扶著走出車子後，都喜歡站在路緣旁一會兒，環顧一下四周。他們這樣做是為了鎂光燈，同時也是為了聚精會神，深吸一口氣，打算著今天想要洩漏多少的自我和多少的表象。如果你在演講時想要有技巧性地歇息一下，可以利用段落與段落之間的時間。這樣做很受聽眾歡迎，也能夠促進他們集中注意力，而你也可以找到「路緣旁的一分鐘」，這段時間也可以明顯地少於六十秒鐘。

■ 學習嬰幼兒的真實

可是，你不要想要完全拋棄你的表象。如果你真的成功地拋棄了表象，請告訴我知道你是怎麼做到的。從我們來到這個世界的第一天起就有了這個表面，在棘手的情況下，它可以保護我們，讓我們不會一時疏忽把最脆弱的一面顯露出來，好讓面前的人輕輕鬆鬆地即可撲上來咬下去。然而，當事情涉及到你那可覺察到的品牌時，重要的是，你必須具有敏感度，可以判斷自己的表面在某個特定情況中應該是什麼樣子。最好是：知道如何有意識地使用它、建造它、把它變得更厚或更薄，甚至拆毀它。為了

發展這樣的敏感度，我們可以觀察嬰幼兒如何向我們走過來，或者是拒絕我們：完全沒有武裝的真實、沒有姿態、沒有算計、不拐彎抹角、一如直覺告訴他們的。他們還沒有感到不安、害怕、吃過苦頭、受到日常生活的影響，還不需要為了保護自己而隱藏自己。在日常生活上，我們可以拿這樣的態度為榜樣：如果沒有人會撲上來咬下去，不妨暴露更多脆弱的一面；如果情況危急，則可堆疊更多的表面功夫。

　　偽君子和吹牛大王終有一天會被看穿的。和打造一個強力品牌方法正好相反的是，偽君子和吹牛大王會積極鞏固自己的表面，以致於他們第一眼看起來顯得非常能克制和控制自己，人們可能會因此而很羨慕他們。但看第二眼時，會覺得他們就像是機器人，冷冰冰的，看不出在想些什麼。也許在表象的後面，他們的真我其實是沒有什麼自信的。他們在舞台上扮演著「厲害的角色」，但回到家後卻整個乾癟下來，全身的熱氣散溢殆盡。然後，特點和社會貢獻都完蛋了，更別提那樣費力地維持表面會讓人多麼疲憊不堪，幾年以後可能得住進地方醫院的心身症部門療養了。

■造成觀感兩極分化為第一要務

　　一個個人品牌的成形需要多年的努力，卻也有可能在幾秒鐘之內被毫不費勁地摧毀殆盡了。特別是當完全偽裝的高壓鍋蓋

某一天飛向天花板，發出一聲巨響，全部的「品牌配料」灑得整個房間到處都是的時候。因此，在研發自我品牌時請注意，要內外俱佳、表裡如一。那麼就不需要害怕表面的存在及赤裸裸的欺騙，長久的欺騙只會使人筋疲力竭而已，而且早晚會被揭穿的。

有一些人——我確定你也認識一些——正是他們自己所說的樣子，也一直都是如此行事。當我們撕開包裝（「啊」！）時，我們清楚知道得到了什麼（也是「啊」！）。這是巧克力成功的祕密，也是人成功的祕密：對頭腦、心、感覺來說是項成功。對職業生涯和錢包來說也是項成功，對一般的滿足感，跟這裡與那裡的一個小小幸福片刻（這並沒有要求人多！）來說，也都是項成功。

迪特・波倫（Dieter Bohlen）就是一個這樣「內外俱佳」的人物。他是個直腸子，按照座右銘「努力工作、努力玩」過著生活。與他個性相符的是他的格言、挺身面對阻礙的態度。當我看到波倫在舞台上的表現時，我感受到他就是這樣的一個人，純粹又真實。他不演講，較喜歡接受訪談，對他來說，沒有具體理由就開講比回答訪談者的問題，或回應某位女歌星唱得荒腔走板，還要困難得多了。波倫充滿了自信，面對演藝界第一線的競爭也是一樣。他之所以能夠這樣，是因為他總是著手開始做的同時，其他人還處於驚訝狀態。至於我是否喜歡波倫先生，一點都不重要，畢竟我不用跟他交朋友，熟到讓他看我的酒窖。無論如何，

他使觀感兩極分化，這是一個品牌應該做的第一要務。「無所謂的要素」在他的身上是非常微小的！

■瘋狂也可以讓特點成長茁壯

另外一個有關品牌品質的好例子是沃爾夫岡・葛魯丕（Wolfgang Grupp），那個和黑猩猩在特里格瑪[12]（Trigema）廣告短片中出現的男人。他佩戴著天藍色的口袋巾和繫著天藍色的領帶，踩著名流派頭的步伐穿越他的王國——位在施瓦本地區的布爾拉丁根（Burladingen）的廠房，廠房裡的縫紉女工像蜜蜂一樣地勤奮工作。廣告中的他看起來不是很棒嗎？在廣告中他說，他保障本地1200個工作崗位，因為特里格瑪只在德國製造。我沒有認識任何承認穿著特里格瑪生產的衣服的人，但一定有這些人。這個男人是一個不尋常的人，他是負面財經新聞裡的中流砥柱。此外，據說沃爾夫岡・葛魯丕還從來沒有因為經濟因素而解雇員工，他保證給他的每一個員工一個終生職，保證讓他們的所有孩子都得到一個學徒名額。幾乎是美好到不像是真的。若是這樣的話，我甚至可以原諒葛魯丕先生製作了用黑猩猩播報每日新聞，介紹特里格瑪的廣告短片！還有：這個短片就如同這個男人，正如同工廠自備的直升機，和戴著白手套的管家在工廠後面的別墅

---

12 譯註：「特里格瑪」是個複合型企業，負責織品製造和銷售，也擁有加油站。

邀請下班回來的主人享用冷盤。我為沃爾夫岡・葛魯不想出哪些特質呢……肯定是很腳踏實地，也許甚至是立足家鄉、舊式的企業家、有責任心、準備承擔風險、有遠見……這全部都是給沃爾夫岡・葛魯不品牌蛋的好單詞。他活出了他自己，我真想買下他的每一輛中古車。

做了那麼多好事的人，也可以儘管有點瘋狂。尤其是當我們更仔細地觀看這個詞的時候：德文的「瘋狂」（verrückt sein）一詞是來自「移位」（verrücken）嗎？離開習以為常的環境、改變角度？身形突出群眾之中（這甚至可以非常突出）？這樣的詮釋使「瘋狂」一詞擺脫我們一般理解的「驚恐」意涵，賦予它其實能夠「使人產生好感」，也許甚至是「值得去追求」的意涵。我很願意有點「瘋狂／移位」（ver-rückt），並計畫和進行著我的「瘋狂／移位」，也建議我的聽眾和委託者這樣做。你也這樣做吧，「瘋狂／移位」是讓你的特點茁壯成長的良好培養基。

■ 實質多一些，假象少一些

我在《商業報》專欄「人啊，品牌！」裡有次寫道，葛魯不先生和他的黑猩猩絕對是「鼓舞者」！鼓舞你，讓你也可以恰如其分地瘋狂，甚至是必須瘋狂才行。你不需要直升機，但需要有選擇一個清楚方向走的勇氣，以及逕直往前走，讓支持你的人微笑的力量。最重要的是你需要自己的作為帶給團體什麼利益的

證明。這樣的話，你很快就不是「德國最大的T恤和網球服裝製造商」，而是「呂訥堡石楠草原（Nordheide）最公平的學徒栽培者」或「整個奧貝勞（Oberau）最大的工作保障者」。也或許你就只是你自己，表裡如一，就是你自己。你讓你的「瘋狂／移位」成真，我們大家都感覺到了。

　　你問問自己是否願意從認識的人那裡買一輛中古車。從誰哪裡買車，為什麼向他買車？你的感覺對你說「是」的那個人，擁有高度的個人品質，具有很多的實質，很少的假象。這是品牌品質的石蕊試紙測驗。然後請詢問自己，你要如何才能使自己的包裝和品質達到很高的程度，讓別人也願意向你投注這樣的信任。

本節重點整理

- 你也有一個表面。了解這件事，有利於你將表面變得更厚或更薄，且有意識地運用它。
- 讓你的表面只在真的覺得舒適的地方卸下。在其他情況下，一個最低限度的表面處處給你「你可以盡量做自己」的好感覺。
- 在日常生活的舞台上，謹記「路緣旁的一分鐘」，在這一分鐘，你可以深呼吸、傾聽自己內在的聲音：你將馬上洩漏多少的表面和多少的真實自我？
- 做「瘋狂／移位」的事吧！「瘋狂／移位」的事和你一樣獨一無二，使一個人顯得很有人性。
- 在你成為「內外俱佳」的人的路上，你應該以迪特‧波倫和沃爾夫岡‧葛魯亞為模範，即使你不喜歡他們。

我的三個想法

1. _____

2. _____

3. _____

建議行動

❶ 想想自己的品牌蛋，你的個人品牌中心。我們慢慢開始下一步驟的時間到了：

- 這個品牌核心已是我可以想像的最強大品牌核心嗎？

- 它真的代表我的終極原動力，這個我在兩年後將給予他人在我身上感受到的東西？

- 至於品牌價值呢？它們真的說明和傳達品牌核心，同時給品牌核心帶來正面的作用嗎？

❷ 現在來看看你的品牌主張：你用13號學習單「我的品牌主張」回答這個受歡迎的專業教練問題：除了我的名字和生卒年月日之外，還有什麼應該刻在我的墓碑上？但是：你是為這一世的此地此刻回答問題，這關係到你，是兩年內就要發生的事，你還在世時就可以從這個思想內容豐富的品牌主張中得到很多的好處。

你想想看麗思卡爾頓飯店這個好例子：「我們是女士和紳士，我們為女士和紳士服務。」你也在我描述的委託人那裡尋求啟發吧！此外也在名人那裡尋求啟發：我給喬治‧克隆尼的品牌主張是：「隔壁的美男子——狡黠、迷人、易親近。」我給麥克‧克魯格的品牌主張是：「帶來輕鬆愉快時光的鼻子要素。」

策略 6 真實：
是A就別假裝是B！

品牌能夠做到什麼呢？它讓特點濃縮、到位，它使我們獨具風格和有所區別，它也給予我們安全感和力量。但品牌無法做到：速成、複製、創造奇蹟。換句話說，品牌和超自然與超世俗之間有個明顯的界限。因此，我們除了談個人品牌術的所有可能性之外，也要來談談個人品牌術的界限。

■什麼都可以做，也沒有什麼是必須做

一般而言，個人品牌術不會導致顛覆性的性格革命和感覺革命。這樣也好，要不然人們也許根本就無法再認出你了，而那麼多年的努力也就完全白費了！真可怕，你先是那麼辛苦地發展品牌，現在卻突然變成一個完全不同的人，一切都得重新打造，今後你得將全部的力量投注在──一個完全不同的方向。一切都很難說……也許你終於認清楚自己真實的面向，它們是如此地不一樣，比你目前所想的還要不一樣，以致於你真的起而反抗自己，甚至有意識地爭取這樣一個斷裂。有時候事情甚至會離奇到令人難以置信：專業經理人在原始森林裡找到自己，而住在原始森林的人在商業管理中找到自己；熱衷大城市生活的人前往普羅旺斯（Provence），以自己栽種的蔬菜維生，以自己為例提供自我追尋

的課程；自由工作者成為公職人員，公職人員成為自由工作者。（在每位主角非常個人的世界裡，這樣的轉變絕對是帶有革命性色彩的。）個人品牌術的通則是：什麼都可以做，沒有什麼是必須做的。

也許你仿效安姬・塞布里西：從MTV音樂頻道的通訊主管變成曼法山區（Mangfallgebirge）的青年旅館負責人。如此一個真人事件，可以作為你反抗自己，與過去的自己劃清界限的模範。因此勇敢地塑造你的個人品牌，擴大你的眼界往外看吧！在此沒有人攔你，沒有人會責備你「你不可以這樣做！」和「你怎麼會這樣想呢？」當然你是可以的，你是能夠的。最重要的是，當你問自己是否可以和能夠的時候，能以讓人清楚聽到的音量大喊：「是的！」特別有效的是，你在走廊的大鏡子前大喊「是的！」（鏡子絕對能守口如瓶，不會將你的話轉述給別人聽。）你把雙手握成拳頭，把手臂往上舉──或者是兩個動作一起做。你將可以看到，你的手勢如何增強所呼喊出來的話語、臉部肌肉如何起作用──表情，可以活化你的肢體語言！因為：異想天開在此是絕對可以的。實際去做也是，不只是可以的，更是非常樂見的！請將這點謹記在心。

■個人的小地震總是最大的地震

對你而言，沒有正確的人生規畫，也沒有錯誤的人生規畫，

就只有你的人生規畫。個人品牌術可以更強有力、更專注地帶領你規畫人生，使你的計畫更具體，讓你將計畫付諸實行。「心有其原因，是理智所不知道的」（布萊茲・帕斯卡〔Blaise Pascal〕，法國數學家、物理學家和哲學家）。這是你的心，這是你的原因，這是你的理智。

研發個人品牌如果沒有發展成為一個真正的性格革命，也一定會發展成為一個小小的革命。對我們來說：個人的小地震總是最大的地震。我希望，這個地震可以結結實實地搖晃你，讓你結結實實地調整和增強「你是誰」和「你是怎麼樣的一個人」。因為個人品牌術就是在處理這樣的議題。

2002年，在德國聯邦議院大選之夜，當愛德蒙・史托伊貝爾（Edmund Stoiber）在第一階段的預測確定自己必勝後，小心地請支持者「還不要開香檳酒慶祝」。而他在聯邦議院大選之前的一場脫口秀裡，還把莎賓娜・克里斯提安森（Sabine Christiansen）誤稱為「梅克爾女士」[13]。除此之外，還有許多其他的小軼事，其中很多是真實的，即使如此還是很讓人覺得討厭，還有，更不用提那件與磁浮列車到慕尼黑飛機場行駛時間有關的事了，史托伊貝爾的發言簡直是雜亂無章、亂成一團。

毫無疑問，當史托伊貝爾出面挑戰格哈特・施羅德（Gerhard

---

13 譯註：安格拉・梅克爾（Angela Merkel）：2005年成為德國歷史上首位女性聯邦總理。

Schröder）的時候，他是個成功的巴伐利亞邦總理。史托伊貝爾出生於羅森海姆郡（Landkreis Rosenheim）的奧貝勞村（Oberaudorf）。這樣的出身一點都不糟糕，我自己則是出生於後普法爾茨地區。然而，當鄉下人突然想要扮演社交界名人的角色時，在真實性方面可能很快就會出現問題。在強力品牌方面，最重要的就是這個真實性，和來來回回地調整與增強真實性。史托伊貝爾作為巴伐利亞邦的總理？太棒了，一切都進行得很順利：筆記型電腦和皮褲，對這個——在這期間——已是真正的沃爾夫拉茨豪森人（Wolfratshausener）、在慕尼黑的邦總理辦公廳裡有張書桌的史托伊貝爾來說有加分的效果。不過，作為德國總理候選人？品牌就顯得岌岌可危了。柏林可不是慕尼黑，世界可不是巴伐利亞邦。作為德意志聯邦共和國的總理？唉，他得要很喜歡這個職位才行。他也必須願意承擔這個職位，以及最重要的是要有承擔這個職位的能力。

■形象突然轉變的崩壞

　　話題回到史托伊貝爾競選德國總理。為了讓他在競選時看起來更瀟灑、更有交際界名流的派頭，形象顧問開始著手打造史托伊貝爾。人們不應該突然察覺到史托伊貝爾的轉變，所以要把新的東西和其他東西，如同打成泡沫狀的蛋白一樣，小心地攙合進已經有的「品牌麵糊」裡。不過，在史托伊貝爾身上，人們還是

察覺到了打造的痕跡：一個迴然不同的史托伊貝爾蠻橫地從形象轉變機器中冒了出來，但事情卻愈來愈讓人難以忍受了。

這確實是一個轉變，但確切來說是一個形象爆炸！誰會去相信競選海報上、電視攝影棚裡，和聾人聽聞刊物裡的名人私生活報導，將史托伊貝爾塑造成有個明確特點的人民代表，他和我們的利益一致，也能代表我們的利益，且在這個世界共同體裡竭盡所能地捍衛我們的利益？史托伊貝爾突然「卡在中間」，介於「使用豪華餐具吃巴伐利亞白香腸的人」和「在國際場合中應付自如的G8高峰會議東道主」之間的某一點。對巴伐利亞邦人來說，他不再如此地正確，他們之間的緊密聯繫斷裂了。對在柏林的高層政府官員來說，他還不是如此地正確，彼此之間的紐帶似乎不夠長。（更不用提這個地球上的其他首都了。）在柏林，人們的想法和作法似乎不一樣；在柏林，人們需要這個威利・布蘭特（Willi Brandt）、赫爾穆特・施密特（Helmut Schmidt）、赫爾穆特・科爾（Helmut Kohl）和格哈特・施羅德所擁有的基因。

之後2005年，當安格拉・梅克爾成為德國總理的時候，史托伊貝爾的品牌隨之瓦解：一開始，據說他將在柏林成為部長，但隨後卻立即以邦總理的身分回到沃爾夫拉茨豪森。即使是回到老家慕尼黑，也已經是時不我與了。

■性格與品牌一致的範例

　　其他人擁有的這個基因究竟是什麼呢？很難說。本書一開始提到的那些空洞的詞語又回來了：這個基因存在「有魅力」、「平易近人」、「口若懸河」、「精明能幹」、「和藹可親」、「與眾不同」，以及其他說明這些難以形容的描述。我特此發明一個詞，可以恰當地總結以上所有的說法：歐巴馬風格（obamaesk）。愛德蒙・史托伊貝爾沒有歐巴馬風格，即使他得到了一個新的形象，還是無法成為一個政治家。我們不能否認自己的出身，要不然會造成和自己的過去決裂。我們不能透過訓練，簡單地就將似乎有的或真的有的缺陷消除掉，不能把心逼迫到一個它不再突突跳躍的方向。事實上也不需要這樣做。只是要知道我們屬於哪裡、追求什麼——以及在我們拚命且痛苦地往某個方向進行嘗試之前，認識到這全部，就是一件值得嚮往的事了。

　　一個正面、美妙的強力品牌例子是：安格拉・梅克爾，她真的是個徹頭徹尾的品牌，一直都是這樣。梅克爾的性格和品牌是絕對一致的，她幾乎已經成為專業個人品牌術的教科書範例了。除了她的專業能力之外，個性和品牌一致的情況也為她的成功帶來很大的貢獻。如果這是形象顧問的傑作的話——我認為一定是他們在背後操盤，那他們做得相當好。形象顧問給予梅克爾小劑量的「品牌藥物」，它一小滴一小滴地發揮作用，而他們總是旋轉四分之一的調節螺旋來校準給她的品牌劑量。「梅克爾」品牌

和她的任務一同成長。當喬治‧布希（George Bush）在梅克倫堡（Mecklenburg）的特林維萊爾斯哈根（Trinwillershagen）參加烤肉大會作客的時候，梅克爾表現出來的真實性令人難忘。沒有更好的「安格拉‧梅克爾」品牌了，我欽佩她的直覺或是她的顧問，或者是兩者皆是！選民也給予這樣的真實性獎勵。想像一下，這個烤肉大會如果是在比樂高地（Bühlerhöhe）或無憂宮公園（Park von Sanssouci）舉行的話，它的重要性可能就沒有那麼大了。

▌選擇正確長處持續發展

研發好你的品牌之後，接下來的就是安排和逐漸熟悉行動範圍了。品牌在此提供你採取措施和行動的「護欄」，以便你選擇一個特別適合自己的運動種類、一個你可以將所有社交聯繫和時間投注在上面的網絡團體。再加上一個網路平台，和少少的，但真的帶給你喜悅與力量的愛好。較少即是較多，此外，你應該不只是找出自己為什麼喜歡做什麼事情，更要找出可以放棄的不必要事情，且不會流下一滴惋惜的眼淚。

進修和深造在此是一個好的關鍵詞。眼前的風景豐富多彩，滿是迷途和隧道，它們通往光亮，或只不過是通往空無。下面，你將看到第一份以強力個人品牌為基礎設計的成功項目不完整一覽表（當然還有更多項目）：

- 身體語言與作用

- 聲音和語言

- 口才

- 展示

- 經營人際網絡

- 時間管理

- 風格和禮節

- 顏色和服裝

- 使命

- 社群媒體

　　這只是大量進修和深造項目的一小部分而已。上述只有很少一部分適合用來實現你的品牌，以及將你的「品牌馬力」帶到護欄的中間。成功實現品牌的藝術在於：首先做出正確的選擇，然後堅持不懈地做下去。

　　鼓勵你全神貫注在自己的強項上，堅持不渝地發展它們。換句話說，全神貫注在能夠代表你的長處上，以及將你真正喜歡做的事做得更好。舉例如下：

　　如果你已經是個法文口語專家：你將在公司裡成為和所有遇見的法國人談判的專家。不管你說什麼，法國人都會給你加分的，因為你沒有嘗試用可恨的英文和他們談判。在做這份工作之

前，你曾經報名一對一的法文會話課，一個禮拜兩次，一次一小時的課程，並且計畫一年至少三個星期待在法國，反正這是你最喜歡的國家。而西班牙文、波蘭文和布列塔尼語，你下輩子再開始學吧！至於英文，只要學用得上的，跟得上別人就好。

■ 找出一項專長也足夠

在這世上只有少數的人能夠真正寫出一手好文章。寫文章對他們來說甚至充滿了樂趣，他們能夠完全沉浸在思緒裡，甚至在光線黯淡的燈光下來回琢磨句子結構數夜之久。你是這樣一個能夠和鍵盤做最好朋友，並躲進自己的小天地裡去的人嗎？如果是，那就繼續吧！因為這是一個特別的天賦，內涵還可以有更好的極大潛力：閱讀大作家如何寫作、不斷地練習書寫故事、隨筆、新聞報導，外加參加在托斯卡尼橄欖林的寫作研習營，也許還寫書，甚至在對的出版社出版……至於精通算數這樣的能力就讓別人去擁有吧！

如果你的老闆說，你是一個很好的談判者，而且你的伴侶在最近一次買完沙發以後也這樣說，那麼你可以慢慢相信這句話的真實性了。那也就是說，掌握利益均衡和煩人討價還價之間的訣竅帶給你很大的樂趣，有利於你的家庭支出和你公司的預算。這種人很受歡迎，即使不涉及到金錢，而是更好的工作條件、住宅區的行車速限和給你最小女兒的零用錢，也是一樣。請進一步發

展這方面的能力吧！你還能在非常厲害的談判大師演講和討論課中學到一些東西，在工作上和私人生活裡也有很多實際運用技巧的機會。

選擇一個正確的運動種類，對一生來說已經足夠了。如果網球是你喜歡的運動，好吧，再加上冬天的滑雪好了，那這樣就很好了，不是嗎？你惦記著網球單打和雙打比賽、在協會裡為青少年的服務、從斯洛維尼亞經羅馬尼亞直到智利的那些未被發現的滑雪道就夠了。你真的還想要參加在高速公路交流道後面的半海水池上航行的帆船課嗎？或者是在波羅的海上進行風箏衝浪？你不怕水母螫人嗎？此外，到你學會的時候，那些很酷的潮流創造者早就轉移陣地了！

■ 堅持做自己，不隨波逐流

你也許參加了獅子會或扶輪社或「圓桌協會」（Round Table）或「女士圈」（Lady Circle）或其他女性網絡團體，或是根本什麼都不參加。其實我們不需要一定要加入網絡團體。現在的人際網絡早已去協會化，以致於沒有加入任何網絡團體也可以。我自己曾經加入獅子會三年，協會會員也都是心地善良的人，只是我就是不喜歡，所以選擇退出，現在開始全心全意地在「德國演說者協會」（German Speakers Association）經營人際網絡，所有其他事情都以非正式的方式進行。如果你加入某個團體，請一定

要完完全全地投入，要不然只會給雙方帶來失望而已。而且一件事情就完全足夠了！

較少即是較多。我們可以心安理得地乾脆放開很多本身就很棒的事情，沒有「我錯過了什麼」的感覺。也跟你的狐群狗黨說，你們請自己去吧，星期六是我的星期六。你躺在家裡的沙發上、關掉手機、讓貓咪蜷縮在肚子上、用手指輕撓貓咪的耳後、狼吞虎嚥地吃準備好了的鹹味酥條、看電視播放的義大利式西部片（Spaghetti-Western）。就是這樣。最棒的是：你一點都不會感到良心不安，甚至對別人現在在「拉斯帕爾馬斯」（Las Palmas）迪斯可舞廳的閃光燈球下努力跳到明日清晨五點，沒有人敢說自己其實已經累斃了，而暗自感到幸災樂禍。他們還喝那貴到爆、五顏六色的混合飲料。然而，你繼續輕撓貓咪，把囤積的鹹味酥條吃到一根也不剩，從第三流的電視節目轉台到第四流的電視節目。乾脆停止「好還要更好」的追逐。

■ 欣賞並喜愛真實的自己

請在每件事情上總是考慮到你做什麼，和你放棄什麼：我來自哪裡？什麼對我來說真的很重要？我對什麼感興趣？我什麼時候開始不再純粹真實，從什麼時候開始只聽任別人的話語，不再傾聽內在的聲音？你在做每一個重要的改變時請問一下自己：父母是否還能認出你仍是他們的女兒或兒子。你做所有能愉悅地

回答「是」的事情，不做其他的事情。並且學會欣賞你以正常的努力，非超人的努力無論如何都無法改變的事情（也根本不想改變，如果你仔細地傾聽內在的聲音的話）。我的好朋友和良師莎賓娜‧阿斯勾多姆（Sabine Asgodom）在她的暢銷書《狂放且永不知足地活著！》中如此描述：「我被視為是個有自信、開心、充滿幽默感的人。是的，我是這樣的一個人。即使我作為一個體重過重的女人，一再受到侮辱，也還是這樣的一個人！我花費了好大一番功夫，才讓自己不再因為公開和暗藏的攻擊而喪失勇氣和信心。我這半輩子必須耗費多少的精力……，才能不管我那信以為真的缺陷，發展出自愛。」[14]

　　莎賓娜‧阿斯勾多姆可以是給你的例子和模範。不論你現在是（太）胖、瘦、高、矮、好看、咬著舌頭發音、跛行、斜視，你就盡情快樂地斜視吧，就像是要得到年度最佳斜視獎一樣。藉助一點點的熱情與技巧，信以為真的弱項就變成了強項，甚至變成了一個「錨」（詳見下一個章節）。卡爾‧大爾（Karl Dall）以其兩個引人注目的特點——一個下垂的眼瞼和一個語言缺陷，得到相當大的成功。其他人可能會不惜任何代價，花費很多的金錢，就是為了擺脫這兩個特點。卡爾‧大爾似乎很以他的兩個特點為樂。

---

14 莎賓娜‧阿斯勾多姆：《狂放且永不知足地活著！10項自由，給想從生命中獲得更多的女人》（Lebe wild und unersättlich! 10 Freiheiten für Frauen, die mehr vom Leben wollen）。第九版。慕尼黑：科澤出版社，2008年，第29頁。

本節重點整理

- 個人品牌術不能快速打造你的品牌,而是慢慢形成你的品牌。運用它的技巧與可能性,結合你真實的想法與感覺吧。這是一個大有展望的組合。

- 請注意給發展品牌的過程時間與空間。這樣做可以避免與通常只是第一眼看來很棒且正確的事情之間產生大決裂。

- 不要忘記你來自何處。轉變時最嚴苛的標準是,當你去拜訪父母時,他們是否依然能認出你是他們的女兒或兒子。

- 想想看你的「歐巴馬風格」會是什麼樣子。

- 致力於將你的優點與強項——將喜歡做的事情做得更好。你下半輩子做好這件事就夠了。

我的三個想法

1. _____

2. _____

3. _____

建議行動

　　你那給予所有知覺的圖像世界將使你的品牌更加完善,它補充文字的不足,和文字一起為你兩年之後將成為誰、將會如何、將成為什麼,打造一個更具體的想像。你看起來如何,你聞起來怎麼樣,你嚐起來如何,你感覺起來和聽起來怎麼樣?找出你的圖像世界,對你及打造個人品牌的方法來說,是件需要習慣的事嗎?可能是!

但是，當我們想到其他人時，我們的感官真的會浮現這類的感覺，比較令人愉快的感覺和比較令人不愉快的感覺。（你只要想想這個總是聞起來很香的女人；或是想想這個很粗魯地走來的男人；或是想想這個給人很吵感覺的人，即使他什麼話都沒有說！）

你可以在本書334頁裡提供的下載區下載三十八張圖像世界的照片，並從中仔細挑選。恪守我們的濃縮原則，你挑選出五張確實傳達你的品牌能給所有感官帶來什麼感覺的照片即可。在第287頁〈實例：三個人和他們的個人品牌（II）〉裡，可以看到給你的圖像世界的範例。你現在想自己就好，不用去想其他人。方法很簡單也很有趣，你可以問自己以下這些問題：

● 我的個人品牌兩年後看起來如何？和水滴一樣清澈，和檔案夾一樣有組織，和白啤酒一樣新鮮？

● 它聞起來如何？和壁爐火焰一樣自然，和咖啡一樣濃郁，和草地一樣有春天的氣息？

● 它嚐起來又是如何？和壽司一樣具有異國風味，和椒鹽卷餅（Brezel）一樣有在地風味，和蘋果一樣純粹？

● 它感覺起來如何？和仙人掌一樣刺人，和堆疊起來的木材一樣粗糙，和賓士雙門四座敞篷車（Mercedes-Cabrio）一樣沉著平滑？

● 它聽起來如何？和遊藝場一樣熱鬧，和壁爐火焰一樣發出霹啪聲，和寧靜沙灘上的退潮一樣柔和？

以下這些規則對你的圖像世界來說非常重要：

● 在比較和評價照片時，沒有什麼是「更好」，沒有什麼是「更差」，沒有「美」與「醜」。照片就是單純地不同，每一張都不一樣，只是特別好或不太好地詮釋你兩年後的品牌形象罷了。只有你能感受得到哪一些照片特別適合你！

● 絕對要忽視你是否喜歡吃蘋果或喝白啤酒，你是否喜歡仙人掌或一輛年代久遠的賓士雙門四座敞篷車。這些東西完全無關緊要！重要的唯獨：每一張照片是否有助於呈現你的品牌的圖像世界。

　　你選出五張照片，最好是用彩色印刷的方式將它們列印下來。然後把照片掛在品牌牆上，讓照片和品牌蛋，以及其他的組件一起發揮作用：

● 它們適合傳達與詮釋我的品牌蛋嗎？

● 它們符合我的特點與社會貢獻嗎？

● 它們可以引起另外一個漣漪嗎？

● 它們讓我對兩年後的品牌有更具體明確的想像嗎？

策略 7 辨識度：
放下你的錨吧！

　　某個東西對一個人來說是缺陷，對另外一個人來說卻是最大的資本。麥克・克魯格和鼻子，卡爾・大爾和下垂的眼瞼，就是很好的例子。

　　麥克・克魯格在1980年代中期以一部有紀念意義的熱門電影：《大鼻子奇遇記》（Die Supernasen）廣為人知，當時我還是家鄉電影院裡的放映員。《大鼻子奇遇記》是一部青少年胡鬧片，有車，有女孩，有冰棒。同樣有個大鼻子的湯瑪斯・勾特沙爾克（Thomas Gottschalk），也在影片中擔綱演出。如果沒有克魯格的大鼻子，拍攝這部影片的想法也會成型嗎？假如答案是「是」的話──克魯格若是沒有大鼻子，也能演出其中一個主要角色嗎？如果他沒有參與這部影片的演出，在25年後的今天，他還能如此有名，有名到可以為克魯格企業集團（Krüger）拍攝「卡布奇諾家庭包」廣告（「克魯格也行！」），以及為哈格建築材料商場（Hagebaumarkt）拍攝廣告（「做你的活兒！」），而得到豐厚的報酬嗎？應該是非常不可能的吧！

　　我們看到：比其他人大的身體部位確實是個特點。我們只需懂得接受它為特點，從品牌的觀點來看，我們也因為這個特點而擁有了一個社會貢獻，如果人們對它產生興趣的話，還可以利用

這個特點為我們帶來益處。麥克‧克魯格終極社會貢獻的品牌核心，可以簡單說就是「樂趣」更實質地「娛樂」了大眾，且視品牌蛋所有者的要求和使命而定，也給大眾「消閒解悶」。

■運用得當的身體特徵

克魯格和大爾都是非常特殊的例子。我們常常因為一些正當的原因想要去縮小和修改超出一般認知規格的身體部位。當然也可以增大身體部位，往加高它、突出它的方向發展。修改過後的身體部位我們可將之視為一個商品，例如：薩曼莎‧福克斯（Samantha Fox），一種類似歌手的商品，我年少時就將這種拼貼成真人一般大小的明星海報，貼在歐里和厚痞希家舉行派對的地下室裡，外加香車葉草果凍布丁、伏特加和新德國浪潮音樂。或者是潘蜜拉‧安德森（Pamela Anderson），一種類似演員的商品，至今仍受人喜愛。當我們聽到有人大聲喊她的名字時，我們想到什麼？沒錯，就是胸部。這確實是一個「錨」，和克魯格與大爾的錨一樣。我們不評價這是一個好錨還是壞錨，一切端視你的看法以及這個錨的所有人對你來說有多重要而定。

錨有很多種，有自然的錨和人工的錨，主動設置的錨，或被動發生的錨。辛蒂‧克勞馥（Cindy Crawford）有一個錨，如果她沒有了嘴邊那顆可愛的小痣，她絕對不會如此有名。人們就是要看這顆小痣，模特兒經紀公司、拍攝時尚廣告，還有製作化妝品

廣告的人也是：人們要看的不是美得像從阿拉丁神燈出來受到遙控的複製人，而是想看一個有趣的人，有靈魂和一張真實的臉；簡言之，就是一個有人性的人。這使她顯得格外真實，在此我們又回到這個強力個人品牌的重要基本配料上了。類似「小痣」這樣的東西給人一種脆弱的感覺，總是引起我們的興趣，讓隱藏在我們身上的憐愛基因起了反應。擁有這顆痣的辛蒂·克勞馥也可以是我們之中的某一個人，跟安格拉·梅克爾和喬治·布希一起在特林維萊爾斯哈根烤肉。她不只是那張掛在紐約時代廣場65公尺高的巨型海報，晚上會發光的超級名模而已。

■為了與仿冒做區隔

座落於布倫茨河畔金根（Giengen an der Brenz）的史泰福公司，也有個根深蒂固的「錨」。瑪格麗特·史泰福（Margarete Steiff）在上一個世紀交替後不久創作了泰迪熊。由於她製作的泰迪熊獲得相當大的成功，仿冒者迫不及待地開始仿效。一艘滿載泰迪熊仿冒品的大船從美國航行至歐洲，雖然它沉沒了，但這起事件卻讓瑪格麗特·史泰福非常驚恐不安，於是開始尋找一個標明其原廠絨毛動物玩偶的可能性，最後發明了「金耳釦」。他們在辛苦手工製作的絨毛動物耳朵上鑽一個孔，然後裝上一個鉚釘，即前面提到過的鈕扣，在鈕扣上掛一支小旗子，在黃底的旗子上寫上紅色的字樣「史泰福®」和「金耳釦」。

如果你想送心愛的人一個特別真摯的禮物，決定送一隻絨毛熊，你會考慮一隻不是史泰福出產的泰迪熊嗎？回答「不考慮別的，一定要史泰福的泰迪熊」的人也許直逼百分之百，但前提是：第一、你真的非常喜歡這個人；第二、你有多餘的閒錢。於是我們買了一隻耳朵壞掉的小熊，小旗子上還有廣告，小熊的脖子上還戴了這個史泰福稱之為「脖子商標」的圓形牌子。寫在厚紙板做的牌子上的是小熊的名字，以及再一次的廣告。我們把小熊送出去之前做了什麼？什麼都沒有做！接到禮物的人做了什麼？也什麼都沒有做！通常我們拿到禮物後都會丟掉這一大堆多餘的牌子之類東西，但對於史泰福的商品，則不會這樣做，因為我們很驕傲擁有這麼棒的東西，所以鈕扣、小旗子和脖子商標當然都留在原處，不會取下來。這是最棒的品牌，也是最棒的錨，而這也是一個強力的錨如何激勵人說故事的好例子。這裡說的故事是一艘從美國啟航、滿載仿冒商品的船。除此之外，我們一定還會清楚記得，曾經因為什麼理由送給誰一個史泰福出產的絨毛玩具，和這一切都是怎麼發生的。

■ 怪癖也可以成為錨

安格拉·梅克爾雙手指尖相觸並呈放鬆狀態置於腹部前方的手勢，被稱為「權力三角形」[15]，該手勢和她不可分割。悟多·林登貝爾格（Udo Lindenberg）戴著帽子；卡爾·拉格斐（Karl Lagerfeld）則一連有好幾個錨：蝴蝶結、辮子、傲慢的快速說話方式、蜂腰。我曾經有過一個老闆，他總是買五件同樣的、樣式特別古典的黑色西裝，再加上五件一模一樣的白襯衫，他根本就不需要改變自己，久而久之，他的特色就成為他的錨了。想想看，辦公室裡的同事們有什麼錨。這個錨也可以是我們一般稱之為「怪癖」的東西。這個怪癖是如此地令人喜愛，如此地適合這個人，以致於我們想起他時一定會想起他的怪癖。之後的某一天，怪癖就成為錨了。當你後來在員工餐廳想到部門的同事史耐德培茲，但怎麼想就是想不起他的名字，坐在你對面的人也根本不知道你在講誰時，你說：「我說的是那個總是用『愛維養』（Evian）礦泉水給他的肉食植物澆水的人。」此話一出，大家馬上恍然大悟，腦袋浮現清楚的影像，說了一句「喔，是他喔……！」又將背靠回椅背上了。

我用玻璃杯喝咖啡，所謂的「創意咖啡」。所以我在公司裡和委託人那裡，以「用玻璃杯喝咖啡的人」聞名，如果我親愛的同事們要順便幫我煮杯咖啡，也會將咖啡倒在玻璃杯裡。這也是

---

15 譯注：它是梅克爾的招牌手勢，所以又被稱為「梅克爾菱形」。

一個錨，就像我將手錶戴在右手腕上一樣。再加上一些總是和我連結在一起的字眼和慣用語，還會在桌上擺放一壺浸泡新鮮薑母的熱水，開會時有抹護手霜的習慣（一定要用維蕾德〔Weleda〕牌護手霜），所以總是一瓶護手霜放在那裡。我在杜塞朵夫的前同事們在20年之後還跟我提起這些事情。以上哪些要素對塑造永‧克利斯托夫‧班特®這個強力品牌來說是絕對必要，且清楚明白地透露出我的品牌蛋、特點和社會貢獻，全聽憑那些人對我的想法而定。只是希望沒有太多人覺得我對他們來說是無所謂的。

■選擇適當的錨堅持下去

人們也應該想起你、記起你，即使已經不記得你的名字了。這不是那個總是戴大耳環的女子嗎？不是那個只穿剪裁得宜的灰褲裝，但從不穿裙子的女子嗎？是那個繫紅領巾的男子？是那個使用Filofax記事本，還用鋼筆將所有的日期及地址記在本子裡的女子？你是早上五點在候機室裡唯一一個不穿著黑白衣服、帶鋁製行李箱上飛機的人嗎？取而代之的是穿一件紅色襯衫，在這群黑白色的「企鵝」當中，顯得相當地勇敢！也相當地獨樹一幟。你因此也下了一個錨，一個讓你獨一無二的錨。這樣一個錨根本不必很昂貴。最重要的是，這個錨適合你，你堅定不移地維護它。我最喜歡的錨其中之一是「5分鐘前到場的錨」：你將成為總是、總是、總是在約定時間前5分鐘到場的個人品牌！不管是內部會

議，或在顧客那裡，或者是帶紅玫瑰赴約的約會，都是一樣。不是10分鐘前，也不是4分鐘前，更不是2分鐘之後了。這個錨不用花一毛錢，如果你總是使用它，它將是樹立品牌的最好方法。

另一個也很好用的錨是，你不用開賓士、奧迪，或BMW去拜訪客戶的廠房，但你得要有買得起這些車子的能力才行。不要讓人以為，你的戶頭裡沒有什麼錢！如果讓人有戶頭裡沒有什麼錢的印象，錨很快就失去作用，你的品牌就危險了。換句話說：在德國，你要小心選擇開什麼車子做什麼事！當然不要開太大的車子，大車在現今是根本行不通的。我有一個朋友，他是個越野吉普車的死忠擁護者，他8歲女兒最近要他在到達小學前的最後一個街道拐彎處讓她下車，因為她覺得，讓她的手帕交們看到這輛超大的車子「非常難為情」。但是，車子也不能太寒酸，一輛1960年代、配備液壓氣動懸掛技術的雪鐵龍（Citroën）沒有問題，如果你是這一類型的人的話。或者是一輛賓士S系列的舊車也可以，不用是很貴的車子。不過，一輛日本車？根本就不用考慮了！我曾經開過一輛司科達（Skoda），它其實也很不錯。之後我開BMW，因為我們為BMW工作。若是我還開著那輛1960年出產的粉黃色家庭式Isetta車，一定無法留下好印象。現在我開最棒的車：就是根本什麼車都不開，因為總是有司機代勞——我現在都坐公車、火車和計程車。這也是個樹立風格和品牌的途徑，而且總是提供我很棒的談話材料。

■運用故事的力量強化錨

　　強力品牌立基於和它有關，容易記住，且廣為傳布的故事。這樣的故事傳達品牌特質，讓人可以體會到它。強力品牌並且立基於在故事中扮演主角的錨。在史泰福的故事和其他卓越商品的故事，以及人的故事當中，我們都可以看到這樣的現象。「說故事」是一個奇妙的行銷工具，賦予品牌魅力，使所有的感官都能感受到它。這個方法成效卓著。早在西元8世紀，巴格達的哈里發（編註：伊斯蘭教中宗教及世俗的最高統治者稱號）哈倫‧拉希德（Harun-al-Raschid），就極其喜愛使用這個方法：晚上他喬裝成一般市民，偷溜出皇宮，前往人群聚集的地方，坐在人們旁邊，豎起耳朵，仔細聽他們訴說他們生活裡的故事和談論他們的哈里發們。他因此得知很多國內的輿論，以及他的臣民關心什麼，連現今最複雜的民意調查都無法做到這件事。他從可靠的來源聽故事，從故事中學習，協助他成為有智慧的裁判者。就是因為自己從聽故事中得到如此多樂趣，以致於他開始收集故事、轉述故事。有時候他也讓自己在故事裡扮演一個舉足輕重的角色；隨著時間的流逝，《一千零一夜》故事集於焉產生。《一千零一夜》的故事從問世到現代已被加諸了各式各樣的細節和渲染，但故事基本上仍然是真實的。

　　雖然我們喜歡聽故事，但千萬不要將故事和謠言及毀謗混淆在一起。故事充滿了力量，如果我們以精湛的方式敘說，人們會

睜大眼睛、張大嘴巴傾聽，強烈地感受到故事裡發生的事情。人們會聞到故事場景的香味，就像我剛剛說到，當哈里發動身走進他的民眾時，你也許會聞到巴格達夜市傳來香料和水果的香味。請將這個力量用在你的個人品牌上，並且賦予適合你、使你獨一無二、讓你的特質到位的錨。如果故事說得很精闢，它將以有建設性的方式使觀感兩極分化，賦予品牌明確的形象。「改變一個企業，不外乎重新書寫它未來的故事。」慕尼黑的說故事專家卡蘿妮娜・福蘭澤（Karolina Frenzel）、米歇爾・穆樂（Michael Müller）和黑爾曼・周同（Hermann Sottong）在他們關於《哈倫・拉希德原則》一書中寫道。[16]沒錯，這句話也適用在人身上。

■故事增添品牌色彩

請仔細聆聽人們說和你有關的故事。你可以在適當時機將這些特別有力傳達個人品牌的故事講給別人聽。故事裡特別讓人感興趣的通常不是別的，就是你的錨。你可以在散布故事時補充細節，就像巴格達的哈里發一樣。有建設性地膨脹事實是可以的。但請不要太過大吹大擂，寧可穩紮穩打，才有勝算。除此之外，你當然也可以說自己的故事，「說故事」的原則一則是「給」，

---

16 卡蘿妮娜・福蘭澤、米歇爾・穆樂和黑爾曼・周同：《說故事。哈倫・拉希德原則。在企業上運用說故事的力量》（Story-telling. Das Harun-al-Raschid-Prinzip. Die Kraft des Erzählens fürs Unternehmen nutzen）。慕尼黑：瀚捨出版社（Hanser），2004年，第17頁。

一則是「取」。前提是，你喜歡做這樣的事，且隨著時間，從中得到很多的樂趣。你即將講述故事，就像我在本書裡講述自己在家人、朋友、熟人、同事、路上偶遇人們那裡的經歷與事件一樣。某一天，你將會擁有出自自己和關於自己的故事集錦。故事之後有了自己的生命，到處流傳至你根本不在場，但你的品牌卻到達的地方。比起Google，我們從故事中可以找到更恰當描述你的資訊。故事給你說的話增添色彩，讓你的個人品牌更明顯地有別於其他個人品牌。

如果你喜歡寫長信，或是經常寫打算用來說服潛在的委託人和企業投資者的計畫：你不用那麼勤奮地引經據典，只要多寫些具有宣傳效果的具體故事，就能獲得更多的效果。我常常因為工作的關係讀書，無論是專業書或指南，作者都像蜜蜂一樣勤快的花費了很多氣力寫的書。書裡的資訊非常豐富，可惜就是無法感動我。書裡的資訊雖然清楚、正確、重要，可是在我嘗試領會它們的時候，很快就讓我有種「無所謂」的感覺，不一會兒就飛出我的腦海了。就像我在IKEA參觀完廚房世界之後突然再也沒有了興趣，不理會費心安排的動線上所有其他的居家世界，寧可馬上穿過隱蔽起來的不鏽鋼門，往左邊出去，直接去拿十個瑞典肉丸，搭配鹽水煮的洋芋、奶油醬和越橘。親愛的，我們待會兒在「兒童天堂區」見面吧！你有過這樣的經驗嗎？那麼，居家世界，或者說得更確切些，這本書，無法感動你。這種勤奮書寫的

書有上百本，它們占據你常去的書店書架。其他的作家，我認識他們本人，用35個工作天寫一本有《明鏡週刊》暢銷書排行榜品質的新書。儘管作家已經很久沒有那麼勤奮寫作了，書還是可以登上暢銷排行榜。因為他以他的方式書寫，非常私人，非常有說服力，他敘說故事，所以我們受到感動，閱讀時腦袋裡彷彿有一部電影在放映。書裡面很多內容也許根本沒有那麼新，但就是有說服力。所以我們挑燈夜讀，根本就不會累，再一次把枕頭調整扶好後，便一口氣把書看完了。

■聽別人說故事也是學習

「說故事」是可以學習的。從巴格達的夜市和喜歡聽他們說話的人那裡學習。主動聆聽是非常重要的，同時也是一門很高深的藝術：豎起耳朵、閉上嘴巴，時間長到你可以贏得「豎起耳朵、閉上嘴巴」的競賽為止。除此之外很重要的是，每次當我從新世界回去拜訪我的教父尤歷尤斯時，他總是說的：「克利斯托夫，有一件事你要謹記在心：我們可以用眼睛和耳朵去偷取的東西，就應該去偷取。我們這樣做，不會被抓去關！」這是我的教父尤歷尤斯的錨其中之一。他已經去世了。每當我們在家鄉坐在一起聊天時，我常常想起他那些富含真理的話語。並且——我在此跟你說這個故事，故事也許就傳播開來了。除此之外，如果是涉及到簡單且效果很大的敘述技巧，孩子是非常好的模範。你向

周遭的人說故事，就如同你想要對一個幼兒說故事一樣（當然不是說兒語），你用手、腳、表情和所有其他可供支配的非語言溝通工具幫助你說故事。在這個一切感覺起來如此錯綜複雜的世界裡，事情也可以如此簡單。你的聽眾將會因為你這麼做而愛你。

有很多極好的說故事例子。出色演說者的演講和有聲書，立基於只有他們才能以其獨特方式敘述的故事。你可以從故事的結構與系統中得到非常多益處。我最喜歡的故事之一是莎賓娜・阿斯勾多姆的故事，以及她的錨「像蘆薈般綠的絲綢女裝」。你在她的網頁www.asgodom.de可以聽到這個故事，而聽故事的感覺，就好像你在漢堡的北德廣播電台脫口秀現場一樣。這就是說故事！

本節重點整理

- 但願你不是完美的。想想看，你是否可以將不完美之處變成最大的資本。
- 沒有好錨，也沒有壞錨；只有適合的錨與不適合的錨。
- 最簡單的錨是最好的錨；正如同花很少錢的錨，也是最好的錨。
- 仔細聽孩子講述故事。在孩子身上可以找到所有你需要的說故事技巧。
- 想出三個最棒、最有效果的故事來敘說。我們很適合用自己經歷過的事作為故事題材：當人們談論到你時，將會很樂意轉述這些故事。

我的三個想法

1. _____

2. _____

3. _____

建議行動

　　創造你個人品牌的「想像世界」！你一定知道這個：當你想到一個非常特定的東西時，腦海裡突然有個圖像；一個幾乎真實的圖像，如同在夢境中，同時又真實。當我們躺在沙發上，除了思索以外什麼都不做，腦海裡就有了圖像。思緒隨意飄遊。當我們想到自己的願望，想像願望如何成真時，腦海裡也會有一些圖像。或者當我們想像此刻正身在別處，也許是在烈日下的沙灘上，也許是在山上看日出，腦海中也會出現圖像。

　　一如「圖像世界」，你的「想像世界」及頭腦裡的圖像也會一起使品牌變得更具體。「想像世界」也和所有知覺有關，再一次和你的指標品牌的情感面有關：在第334頁下載區裡準備了十九個不同的想像世界字卡可供選擇。從中選出三個最合適的，它們將以最好的方式詮釋和說明你的品牌。你在第287頁〈實例：三個人和他們的個人品牌II〉，可以找到給想像世界的範例。

　　本節的重點不在於你喜歡什麼或做什麼：你騎摩托車還是登山，你喜歡旋製的木頭還是巴黎，你較喜歡在厄爾巴島（Elba）近海還是黑爾戈蘭島近海駕駛帆船航行？全都無所謂。重要的是，一如「想像世界」一詞已清楚表明的，這和你腦袋裡的圖像有關，和你將圖像轉移到個人品牌上有關。你對自己提的問題可以是：

● 當我想到兩年後我的品牌時，腦海裡有在厄爾巴島近海遠洋帆船

航行的圖像嗎？圖像是如此有力、如此生氣勃勃、如此歐洲、如此強大⋯⋯或者寧可說是如此搖擺不定、如此暈眩、如此被動和孤立無援⋯⋯

● 有旋製的木頭長椅擺放在繁花盛開的阿爾卑斯山草原上的圖像嗎？如此自然、如此純粹、如此香味濃郁、如此真實⋯⋯或寧可說是如此庸俗、如此乏味、如此保守⋯⋯

● 有奶奶的蘋果蛋糕的圖像嗎？如此溫馨、如此純粹、如此芳香、如此天真⋯⋯或寧可說是如此無聊、如此過時⋯⋯

● 有奧利佛·卡恩（Oliver Kahn）的圖像嗎？如此強大、如此使觀感兩極分化、如此愛好體育運動、如此能改變⋯⋯或寧可說是如此做作、如此富有、如此墮落、如此心胸狹隘⋯⋯

在此要再次說明的是，沒有什麼是「更好」，什麼是「更差」；有的只是「你」。當你讓圖像在腦袋裡起作用時，最好閉上眼睛體會。你將三張最適合自己的圖片列印下來，掛在品牌牆上。它們會產生什麼樣的影響？它們和其他組件會一起對你的品牌產生什麼樣的助益？

策略 8 宣傳：成為積極份子！

　　在樹立你的個人品牌過程中，我們愈來愈清楚地看到：在生命的競賽中，不是最勤勞的人，也不是最棒的人可以成為贏家。如果你哪天開始為生活勞碌奔波，甚至有很長一段時間根本就沒有注意到自己的忙碌狀況，那麼你根本就不會成功。事實上，只有那些一方面促成美好事情，另一方面又不斷宣傳自己做了什麼美好事情的人，才能夠功成名就。

　　最好的餐廳，如果沒有自己的網頁、沒有刊登廣告、沒有從事公關活動、沒有「米其林指南」和「高特米洛美食指南」（Gault Millau）的人過來評鑑，也沒有人知道如何前往，那就沒有賓客會上門了。如果隱居在山上茅草屋的作家，在微弱的燭光下埋頭敲鍵盤寫下最好的小說，但事先沒有撰寫作品的結構草案，也沒有將這個還不存在的草案寄給文學作品經紀人，或是直接寄給出版社，又因為全部打好字的稿紙還放在山上的茅草屋裡，這位牧民作家在某一個冷天裡將稿紙燒了取暖，最後這本好書完全沒有被閱讀的機會。最好的企畫經理，不管他的決議草案做得有多麼出色，若部門主管總是以這些決議草案在董事會上成為眾所矚目焦點，得到所有的功績的話，他仍然無法飛黃騰達。雖然企畫經理依然是決議草案的撰寫人，但這個職稱卻不適合印

在精緻的浮凸印刷名片上。

■ 讓別人清楚注意到你

宣傳，是品牌的一部分！你的宣傳是你做的所有活動，是你的品牌蛋引起的所有漣漪。它畫出了一開始的幾個圓圈「特點」、「社會貢獻」和「品牌主張」、「圖像世界」、「想像世界」和「宣傳廣告」（請見本節第220頁的「建議行動」）。緊接著的漣漪是你的活動，它們會依內容和傳遞的信息而定，不是強力地擊打池岸，就是潺潺地流淌過來。就如同樂團合奏一般，一切都同等重要；在各方的協調合作下，產生了你個人的漣漪表演，它在水上形成圖畫，一幅獨一無二的圖畫，所有站在池岸邊，用所有感官感受你的漣漪的人，一輩子似乎只有這麼唯一一次的機會，可以看見、聽見、嚐到、聞到和感覺到這幅圖畫。

為了讓上述一切成真，你應該做一些事。要讓上述一切成真絕對是件費時費力、困難，也很複雜的事。除了少數幾個你把他們放在心上的人，沒有人會對你感興趣。你必須和在Google網站上登錄的5000萬筆與「品牌」有關的資訊、周遭每一個人每天已接收的3000個品牌信息，以及每年38000個新辦理登記的品牌同台競爭。這樣是對的，要不然每個人都做得到這件事——每個人都願意去做這件事。然而，作為個人品牌的你，在規畫自己選擇的人生上應該是具有優勢的！從另外一方面來看，讓別人清楚地注意

到你、傾聽你要說的話，絕對不是件毫無希望、徒勞無功，甚至是不可能實現（諸如此類沒有建設性的形容詞）的事；這你儘管可以放心，因為你已經引起很多漣漪了，只是自己沒有意識到而已。從現在開始，你將所有的漣漪譜成自己的「個人品牌術音樂會」，集中力氣，全力以赴，相信直覺，有計畫地採取行動。這樣做一定會很有樂趣的。有個作曲家就是以他非常個人的「水上音樂」傳達樹立了他的品牌，使他的品牌發揮作用，讓大家都能感受得到。這個人就是：格奧爾格‧弗里德里希‧韓德爾（Georg Friedrich Händel）。

■以深入、細緻的技巧宣傳自我本質

如果你非常清楚知道自己的品牌代表了什麼，就可以很有技巧地將這個東西散播在人群裡（比方說也以你的「宣傳廣告」為基礎）！你不用像在倫敦的海德公園（Hyde Park）演說者之角的演說者如此大聲、義憤填膺地發表言論。我最近因為拜訪斐列茲藝術博覽會（Frieze Art Fair）再度去過那裡。傾盆大雨中有個積極份子站在木箱上，不停地演說、不停地演說、不停地演說……有時候那裡還站了第二個積極份子，那麼他們就會很開心地抬起槓來；或者是，依照辯論串的嚴謹度、一致性和激烈程度而定，他們也會彼此攻訐起來。他們真的什麼話題都談，有時多愁善感，有時又慷慨激昂。卻沒有人傳達出自己的特點和社會貢獻，沒有

人把自己的「品牌馬力」呈現出來，將要帶給人們的信息講清楚。我覺得很可惜，因為我很欣賞那些花時間來告訴別人什麼，即使不是在物質上，但至少在精神上可以豐富他人的人。然而，海德公園裡的人急急忙忙地從他們身旁走過，有一些人搖搖頭，有一些人則像是受了團體動力影響一般，開始取笑他們。

因此我們最好以更深入、更細緻的方式宣傳自己的本質，用你的品牌主張定位自己的本質，用言語溝通方式和非言語溝通方式活躍自己的本質，讓你的本質在不同的情況下給人不同的感受，更有趣，也更明確。在這方面，你要留意地點、場合，以及你在那裡遇到的人。也就是說，你總是要根據實際情況調整說話內容，有時需要大聲一點宣傳，有時需要小聲一點。有時候甚至需要採取攻勢，闡明自己的品牌和觀點，即使不能因此得到每個人的喜愛，甚至因而得罪人，也在所不惜。在大部分的情況下，提供好咬、好嚼、好消化的「品牌小份額」是正確的作法。這樣你就不會讓對方有難以承受的感覺。這種情況很容易發生在廣告做得又多又喧鬧的商品上：廣告效果刺眼強烈，人們很快就感到厭煩了。一直都有新的信息傳來，但已經傳過來的信息根本就還沒完全被接收，也還沒被檢驗、評估和吸收。在人的品牌方面也很類似：有些人的品牌給人一種非常吵鬧的感覺。然而，品牌力量來自於內心的寧靜（詳見下一章），你可以給自己很多時間，從容不迫地讓自己的品牌開花結果。

■ 從滿滿競爭者中脫穎而出

人們總是會感受到你的。但是要人們在四周一片喧鬧聲中感受到的「你」和你的品牌，也就是你的特質一致，則需要很多時間。換句話說，人們對你的感受不是每方面都一點點，整體印象卻模糊不清；而是要非常強烈的，且對你的品牌有正面的影響；意思即是，人們將清楚感受到你藉由個人品牌核心所傳達出來的終極社會貢獻，以及它帶給人們的好處。不管在私人生活裡或職業生活裡，都是一樣。

這時我們先前提到過的一個要點又回來了——「重要性」，一個商品在市場上需要具有重要性，才能引起別人的興趣。在人方面，我們把這個重要性詮釋成他的社會貢獻。以我鑽研「個人品牌術」為例，從第一個想法出現——我在思考的時候總是有最好的想法——直到設計網頁、擬好演講稿、擬定討論課的內容與流程，以及規畫好「專業教練」學程的結構，至少需要兩年。在這兩年期間我同時也還致力於一些其他的東西和主題。然而在全部都完成後，卻什麼也沒有發生。此刻的我，突然有種外面出現了一百萬個演講者、兩百萬個訓練者和三百萬個教練的感覺。如果你是建築師或律師，可能會有好像突然出現了好幾百萬個建築師和律師的感覺。就像是露營車，你一打算購買一輛露營車，街上突然就滿滿的都是露營車，而且還有數不清的規格和不同的貨品冒出來，你再也不知道自己要的到底是什麼，要怎麼處理買

車這件事。對供貨者來說，要在其他供貨者中脫穎而出是很困難的。而對像你一樣的需求者來說，要了解全部的貨品以作出決定也很困難。

▎**對品牌和想法深信不疑**

所以，直到上了最初幾堂的個人品牌術討論課後經過一年的時間，綱領研製得愈來愈精緻。逐漸地，頭幾次的「專業教練」課程已經順利舉行了，預約演講的次數也愈來愈多了。同一時間，媒體對個人品牌術的興趣也愈來愈大了。此時，有名的「雞」與「蛋」的議題又回來了。不過，在我們這個例子當中，不是先有蛋，也不是先有雞，而是它們兩者——「主題雞」和「媒體蛋」，同一時間出現。它們彼此相互提攜，一起變得強大。愈來愈多的聽眾、學員和被教練者來了，一開始主要是經由推薦而來的。報刊、無線電台和電視從業人員聞風而至，因為每個人都認識某個在報社或廣播電視電台工作的人。

有一天，當《南德日報》（Süddeutsche Zeitung）在他們週末發行的報紙以半頁的版面介紹個人品牌術時，情況瞬間蓬勃發展了起來。雖然我覺得這篇報導很糟糕，但很多同事和客戶卻覺得它很棒。之後，《商業報》請我撰寫「人啊，品牌！」專欄，這是一個關於安靜做事的企業領導人和他們軟性特質的專欄。緊接著跟進的是其他的報紙和雜誌、廣播和電視。真是太棒了，但這

整個過程需要的其實只有一個東西，那就是「極大的耐心」。尤其是，如果你對自己品牌和想法深信不疑的話，做起事來會極有樂趣。

■ 做符合自己品牌的事

行筆至此，我甚至還沒寫到我的品牌和它所有的特點和漣漪、主題和領域。其實，個人品牌術只是我業務工作中一個較大部分而已；除此之外，它也延伸進我的私人生活裡。畢竟，自從我對人際互動有了更多的知識，認識了非常多不同的溝通方法、應用範圍和作用方式之後，我開始以完全不一樣的方式面對人們，觀察他們的方式也和好幾年前不一樣。人們開始問我，個人品牌術到底是在做什麼（你也許可以給答案了）。再加上工作上和人接觸的經驗：學到愈來愈多的東西，於是我和我的品牌一起成熟。

在私人生活裡我所接觸到的人也感覺到我的轉變。裡面有兩三位經常給我回饋（我畢竟也有盲點）、我很聽從他們意見的人，也跟我反應我的轉變。對我來說，內部溝通，意即知心的回饋談話，先於外部溝通，是很重要的，一如我們在Part 2《品牌蛋》那一節所看到的。「品牌蛋」當然不只適用於商品而已。因此每一季都向給我回饋的人報告有哪些想法，我正在做什麼和計畫什麼。然後我們長談這些想法和計畫是否符合我的品牌、特

點和社會貢獻，且符合到什麼程度。我們討論如何達成大目標和小部分目標。全部的想法和計畫都可以經常做事後調整，因此這樣的談話是調整想法和計畫的最好時機。接下來的活動和措施方面，我也是這樣執行的：重新排列優先順序、賦予內容、擬定要將計畫付諸實現所有必須要做的事情。這也是宣傳的一部分。

■十個隨手可做的品牌小策略

現在，你也有無數的可能性能夠成為積極份子。不過，只有很少的可能性是真正有意義的，且這些可能性只有在合乎邏輯、帶來很大的效果、互相配合的情況下才有意義。關於一般的宣傳機制，比如網頁、名片、傳單和小冊子，一直到聖誕卡和生日致電祝賀，已經有很豐富的專業書籍與指導書籍教導你該怎麼做了。因此這裡的主要重點是，要做的是那些少數真正有意義的事情。你的品牌是你決定要在哪裡投注多少精力時的有益「護欄」。除此之外，還有一些與眾不同、考慮周到且迷人的小策略，它們常常是更有效的，你隨手就可以做。

以下是有十個適合我與我的品牌的有效小策略：

1. **使周遭的人驚喜**：我會為自己和所欣賞的人讀報紙。就像是一隻松鼠，偶爾撕下一些文章，因為我知道，這些文章將會

給我在讀報紙時為腦海想到的人帶來喜悅。我通常會在文章上加上幾個手寫字，於是我放下了這個「錨」。我愈清楚周遭的人在朝九晚五的工作日之外還對什麼感興趣、著迷於什麼的話，這個「錨」成功的機率就愈大。

2. **熱情表示感謝**：我覺得在一個美好的邀約之後，或是別人幫我一個忙之後，寫幾行道謝的字，是一件很棒的事。為此我使用筆尖表面平整、粗細為1.1 mm、專門用來寫書法字體的鋼筆，寫出最漂亮的字體。至於卡片和信封，是請我認識最好的美術編輯設計的。雖然花費了一些氣力和不太多的金錢，但收到卡片的人大多非常驚訝現在還能收到這樣的信，而不是收到類似一次寄給很多人的新年問候那樣的電子郵件，在「收件者」那一欄裡甚至還可以看到所有收信人的名字。

3. **取消聖誕郵件**：聖誕節時，於公於私我什麼都不寄送。因為這段時間我和大家一樣，都很忙碌、心情很煩躁，寫那麼精緻的卡片、購買昂貴的酒只是增添麻煩而已，何況它們還會被其他的卡片和禮品淹沒。不過，新的一年，當大家又可以正常生活，腦袋又有空間接收新訊息時，我會寄送自己最喜歡的夾心巧克力製造商——位在慕尼黑的艾莉・賽德（Elly Seidl）餅甜食店——的精選手工夾心巧克力，再附上一張手寫的卡片。在私人生活裡，我也這樣做，只是沒有夾心巧克力，而是在卡片裡放進一張照片。所以我們公司的聖誕慶祝會都是在一月底舉行。

4. 取悅真正掌權的人：我去客戶那裡時，有時候會帶一些東西去。不過不是給董事會的人，而是給門房和祕書。東西可以是放在辦公桌上的金龜子巧克力，或是一盆放在櫃檯上的水仙花，或是一塊從當地最好的糕餅甜食店買來的李子蛋糕，不加鮮奶油。這樣做很有樂趣，也很有意義，原因很簡單，因為沒有這些人就可能沒有委託人。至少是無法入內見到委託人的。換句話說，門房和祕書們（別忘了還有大樓管理員們）是德國經濟生活裡的真正掌權人。我們應該要這樣對待他們！

5. 早一點到達：我最有效的識別記號之一是我的「五分鐘前到場的錨」。我不晚到，我總是5分鐘前到。那麼我就有時間給「路緣旁的一分鐘」（詳見第166頁〈策略5：品質〉那一章節）。我可以在辦公大樓前再一次環顧四周，尋找門鈴和電梯在哪裡。或者走進大樓裡，和德國經濟生活裡的真正掌權人聊天（你可以學我這樣做，但聊天的時間也要維持在五分鐘內，不然就很麻煩。）

6. 承擔遲到的責任：如果我因為火車沒來、車子被堵住出不去或塞在車陣裡而遲到，我會先請求對方原諒，然後才向他承認我沒有及早啟程出發，之後我也許又說明發生了什麼事。對我來說，這個處理順序是很重要的，因為這些和火車、停車場、塞車相關的遲到理由聽起來很愚蠢。其實，我有沒有準時到達，過錯完全是在自己身上。除此之外，那句多年來被噴在連結美因茲

（Mainz）和威斯巴登（Wiesbaden）的高速公路A66上空的高架橋上，字體粗大的智慧名言說得好：「你不是塞在車陣裡，你是塞車的主因！」。

7. **使一切清清楚楚**：我們辦公室一個月一次舉行一場訴苦大會，把所有令我們生氣的事情攤開來講。全部都應該，也都必須講出來！唯一一個條件是：在抱怨、不滿、牢騷的後面，都一定要加上一個逗點，然後一定要接一句具體的「我們怎麼做會更好的建議」。我們一起討論這個建議，接著達成協議。一切都運作得非常好。事實上，一個這樣的「訴苦時間」也能在你的親密關係、運動社團、自由工作者聚餐時間和財產所有權人會議上帶來神奇的效果。

8. **維護傳統**：和數千個其他的公司一樣，我們公司也有一份時事通訊，只是不是以網路寄送的方式，而是非常舊式地印在信紙上，親致收信人，貼上一枚真正的郵票。不超過一頁。成果是：一年四次，我們約有一千名的聯繫對象和委託人、媒體記者和有興趣者覺得收到足夠的資訊，也一再提到我們公司的時事通訊。我們不需要通過垃圾郵件過濾系統的檢驗，也沒因為不請而來的廣告而得到不好的回覆。我們的時事通訊只花費了：好意、獨特的想法、為引人注意的深棕色信紙和郵資而已。

9. **說「不」**：你一定也有過這樣的經驗——常常有人想要順便和你「去喝杯啤酒」或「去喝杯咖啡」。或者是你甚至邀請這

些「某人」做這些事，因為我們在講電話結束時都是這樣說的。這只不過是客套話、慣用語罷了。之後你坐在那裡喝啤酒或喝咖啡，私忖著結果會是什麼。純粹是浪費時間！甚至對雙方來說都是浪費時間。我的肝臟和血壓受不了太常順應這樣的風俗習慣，沒有人受得了那麼多一有機會就喝的啤酒和咖啡的。現在我非常有選擇性地提出這類的邀約，也很有選擇性地接受這類的邀約。其他的所有邀約，我則清楚公平地回絕。

10. **選擇會籍**：我根本不需要什麼會籍，你也不需要會籍。如果你不想去參加協會，那就不要去那裡磨蹭時間。因為磨蹭時間一點好處也沒有。近來，人際網絡結構有很大的變革，從以前加入帆船俱樂部、高爾夫球俱樂部、扶輪社的正式形式，轉變成現在不管是在真實生活裡，或是在網路上，都混亂活潑的非正式形式，這是一件好事。每一個人都能找到真正適合、提振精神、順便為生意接洽鋪路的社團和協會。協會可以是個有章程和會議的團體，也可以是個鬆散、很隨意的團體。因為你的強力品牌，你現在也非常清楚地知道，你對什麼社團和協會真正感興趣。

以上是適合我的小策略。你也會有自己最喜歡的行動排序表，隨著時間增減也許會完全不一樣，不過它的內容一定同樣豐富，且和你的品牌共存、成長茁壯。如果你用電子郵件的方式將新近的精彩想法，或非常個人、不落俗套的品牌成功守則寄來給

我——或者甚至是用你最漂亮的鋼筆將想法寫在最漂亮的卡片上郵寄來給我（地址參見www.jonchristophberndt.com），我將會很高興。

本節重點整理

- 如果你有什麼話要說——那就說吧！大聲地說，比手畫腳地說！
- 你仔細想想，在哪裡宣傳是真的值得的，以及你要怎麼做、要怎麼說。你的品牌特質會提供很多的協助。
- 好好利用你的舞台，不管是小舞台還是大舞台。請細心地根據場合，尤其是根據你的聽眾，調整宣傳方式和內容。
- 「重複」能夠增強印象：集中火力在你的主題上，然後從各個面向來談論這個主題。
- 寫一張羅列十個有效小策略的個人清單。

我的三個想法

1. _____

2. _____

3. _____

建議行動

把14號學習單「我的宣傳廣告」剪或複印下來，擬出自己的宣

傳廣告。這個廣告應該像真正的廣播廣告一樣有三十秒鐘長，不超過三十秒鐘，也可以短一點。就如同真正的廣播廣告一般，藉由這個宣傳廣告，你想要：

- 使別人注意到你，
- 激勵他人更深入地認識你，
- 使他人有喜歡你在身旁的感覺。

這個宣傳廣告以品牌蛋、特點與社會貢獻、品牌主張、圖像世界與想像世界為基礎。所有這些品牌組件僅只是為你而存在，也是你未來從事和放棄所有事情的基礎。另外，如果出現一個好機會，或甚至是一個千載難逢的機會的話，這個宣傳廣告在兩年後真的可以在類似的情境中派上用場：

- 在升降梯裡——我夢想中的老闆就正站在我的前方，現在到二十樓前，我還有時間說服他相信我的能力！
- 在派對上——我第一眼看到深深愛上的那個人就站在那裡！
- 在辦公室裡——我潛在的新顧客就坐在那裡，他還在舉棋不定！
- 在協會裡——會長走了過來，對我來說，他是幫我在會員那裡使力的最理想人士，我可以因此很快地就進入理事會！

在第287頁的〈實例：三個人和他們的個人品牌II〉中，會有「宣傳廣告」的範例。

策略9 持續：
動中有靜！

　　品牌一開始時就像是個小孩：剛形成時，還很小、很柔弱，需要人們的呵護。人們溫柔地照顧他，給予他關注與溫暖，他就會成長茁壯。出生後還有些皺摺的軀體，輪廓漸趨明顯，成長為一個真正、具有某些明顯特徵的人。人們一眼就能認出他鮮明的特質，其特質與其他品牌相比顯得很突出。人類成長到這個階段大概需要兩年，你的品牌也需要這麼長的時間成長茁壯。隨著時間的流逝，再加上其他的活動與經驗，品牌的內涵愈形豐富，愈來愈能表現自己，愈來愈經得起考驗。品牌逐漸形成，變得成熟、強大。突然之間，它就在那裡了，如此適切，又深具存在感，就像那雄踞在巨浪中的磐石。那座磐石就是你！一個人要到達這個境界，至少需要十五年。因此在品牌方面有「十五年期限」之說：你應該規畫個十五加X年的時間來經營你的個人品牌。「十五年期限」也適用於你的「想像世界」與計畫、一再投入精力的意願、你的熱忱與興致。這樣辛苦才能值回票價。此外，在理想的情況下，這個「加X年」最好是和你活著的時間一樣長。撇開為了讓你的品牌適應一再改變的生命狀態，而必須的調整。

■立下具體目標

你的個人品牌就是你的寶寶。現在他就在你的眼前，和很多組成部分一起掛在牆上。而你已決定將品牌規則和行銷法則運用在自己身上，好成為一個強力品牌。現在，成為強力品牌的「藍圖」、「烘培食譜」就在那裡了。是否真的要依照「藍圖」建造房子，按照「食譜」烤出心目中的蛋糕，全都操之在你了。畢竟光有藍圖和食譜是不夠的，因為藍圖不能住，食譜不能吃。即使你到處給人看你想要成為的樣子，或甚至宣稱自己真的已經是這個樣子，也是絕對無法達到目標的：「看啊，我現在有一個和別人不一樣的特點，對社會作出一個有用的貢獻！請仔細看我的品牌特質、感受我的品牌特質的厲害、覺得我很棒，覺得我還要更棒！」這樣子是行不通的，一如在第63頁Part 1〈個人品牌強力鮮明的好處〉那一節裡所描述的。不要光說不練，要表現出來，讓人感覺到！

最重要的是，立下具體的短期、中期和長期的目標。把這些目標寫下來，這樣它們才不會今天是這樣，明天是那樣。力量不只是存在平心靜氣裡，也存在持續性裡！尤其要注意的是，你的目標必須具有所有成真的要素，也就是說不是空想的，也不是模糊不清的。你的目標應該讓清楚的願景具體化。

顧問及教練們喜歡建議我們採用以下這個SMART準則，來檢驗一個目標是否可以達成。我也覺得這個準則很棒，因為它既簡

單又有效。以下是一個清楚可達成目標的五個要素：

SMART 準則

Spezifisch（特定的）：我打算做什麼？
Messbar（可測量的）：要達成什麼？如何達成？／如何改進？
Angepasst（適應的）：周遭環境如何？
Realistisch（切合實際的）：情況如何？
Time-bound（限定時間的）：什麼時候達到目標？

■用許多小目標組成大目標

聰明的（smart）目標，例如：

●「我想要在四年內學會說流利的義大利語，在日常生活中用義大利語溝通完全沒有問題。為了達到目標，我每個星期花兩個小時學習義大利語（去上課或自學），一年前往義大利一次，至少待兩個星期。並且，我要去沒有德國人去的地方，這樣我才能強迫自己練習。」

這個目標是特定的（說義大利語）、可測量的（在日常生活中用義大利語交談沒有問題）、適應的（上課和假期）、切合實際的（沒有太多的計畫）、限定時間的（四年之內）。

● 「我要在二年內成為部門主管。為了成為部門主管，我可以忍受星期一到星期四無法在晚上八點前回到家，週末在家裡工作四個小時。在這兩年之間，我一個禮拜只打一次網球，每兩個禮拜只有一次在週末時去逛我很喜歡逛的跳蚤市場。除此之外，我將要求公司在三個月內派一個助理給我，他將幫我處理很多平日的業務，讓我可以完全集中心力在偉大的目標上。」

這個目標也是特定的（部門主管）、可測量的（獲得升遷）、適應的（較長的工作時間和在週末工作）、切合實際的（請助理分擔工作、較少的業餘愛好），同時也是限定時間的（兩年之內）。

由此可見，一個聰明的大目標是由很多小目標所組成的，而這些小目標，比如上課、度假目的地、下班後的休息時間、助理等等，也都必須是聰明的。

與此相反的是以下兩個目標不聰明的例子：

● 「直到年底前，我必須減少在執行計畫時犯錯的機率。」

這個目標雖然是特定的（在執行計畫上）、限定時間的（直到年底前），卻不是可以測量的（現在每一個計畫有幾個錯誤？最多可以有幾個錯誤？），也不是適應的（我借助什麼作業工具

達到目標，比如說控制儀器，及同事？），所以並不切合實際。

● 「我想要擁有更多的朋友。」

　　這個目標雖然還算切合實際（更多的朋友），但不是特定的（對我來說，什麼樣的人才是朋友？）、不是可測量的（幾個朋友？）、不是適應的（計畫和哪些人進行什麼樣的活動？），也不是限定時間的（到什麼時候？）。

■將個人發展計畫寫下來

　　現在──帶著你的品牌和目標放手去做吧！要怎麼做呢？本書到處都找得到提示和建議。此外，在研發品牌的過程中你一定會一再想到又好又適合自己的策略。有一些策略會讓你恍然大悟，很多策略則是你早就知道的了。現在意思就是：去做吧！為了讓你的計畫有組織又可靠，在此同樣適用的方法是：把它寫下來，要不然──這是我們非常自然的傾向──你就會像是在風中旋轉的小旗子，沒有頭緒、沒有方向。你應該是比較想對風說它必須從何處吹來，尤其是，它必須往哪一個方向吹吧？所以說你要有「個人發展計畫」。

　　「個人發展計畫」讓你在研發自己品牌時不受情緒起伏和反覆無常影響、克服內心的怠惰，並且掌握全局。你開始做，每天都做一些，讓事情成真。一般而言，這不是什麼革命性的改變，

不需要「我豁出去了」[16]。今時今地，在你研發品牌的這段時間，大概且但願不會有大洪水這樣的事情發生。取而代之的是，你每天都有進展。你旋轉八分之一或四分之一的「品牌調節螺絲」來做調整。這些螺絲，還有你要將它們放置在哪裡，都可以在發展計畫裡做個明確的規畫。計畫裡有長螺絲、中長螺絲和短螺絲。螺絲愈長，你就要花更多的時間將它旋緊，更要注意的是不要只顧著旋較短的螺絲，而忘記較長的螺絲。

■有時費力爭取到的未必適合

然而，什麼是「革命」？什麼是「進展」？葉里萬廣播電台[17]（Radio Eriwan）說：視情況而定。具體一點的說法是：「革命」是某個能夠撼動你，讓你離開生活常軌的東西。就像在「大社會」（Great Society）與政治裡常見的：有時候鍋子裡的水沸騰得如此劇烈，以致於高壓鍋的蓋子非得衝上天不可。

我有一個要好的女性朋友，她曾修習博士學位多年，積極爭取進入對想要飛黃騰達的人來說非常值得追求的關係企業集團行銷部門，並謀得一個責任非常重要的好職位。她做到了，成了女博士，甚至也被心儀的關係企業集團錄取了，我們和她一起慶

---

16 譯註：此為引申意，字面上的意思是「在我之後是大洪水」。所以作者接著說「大概且但願不會有大洪水這樣的事情發生」。作者在此玩了一個文字遊戲。

17 譯註：「葉里萬廣播電台」其實並不存在。它是一種政治笑話類型，有部分的笑話不合倫理。這類的笑話在20世紀的社會主義國家特別流行。

祝她的成功。然而，一年之後她必須吃藥，才有辦法從床上爬起來。她每天早上拖著身軀走進這個值得追求的關係企業集團總部，晚上再拖著身軀回家。問題出在哪裡？在上司？在處理的議題？在地毯裡的電磁小蟲？——沒有人知道是怎麼回事。她不知道，醫生不知道，我們也不知道。不過，我們大家都知道一件事：原因就是，這份工作對她來說一點都不合適。還好她的身旁圍繞著真正的朋友，他們讓她的情況沒有變得更糟糕。有一天晚上，她在上司的平板電腦上貼一張黃色的紙條：「我辭職了，鑰匙在公司安全部門第五傳達室。請將我的證件寄還給我。非常感謝。」她在公司安全部門繳回鑰匙，去馬約卡島度六個月的假。在馬約卡島，她開始再次順暢呼吸，一口氣可以吸到橫膈膜。不久之後，她已準備好讓新的人事物進入她的生命中，她認識了一個很棒的男人，他們現在已經有個孩子了，目前三人住在北歐的一個大城市裡，過著幸福快樂的日子，沒有花太多時間在工作上面，反而花很多時間和家人相處。

▇ 面對改變與調整前有足夠考量

聽起來像是肥皂劇，卻是再真實不過的人生。是革命嗎？我想是的。但這對經常換工作的人來說並不是革命，不過你是這樣的一個人嗎？你和同居人甚至已經結婚了，但在你非常確定不想直到生命盡頭還在他身旁之後，你選擇離開他。這也一樣

是革命嗎？你在一個居世界市場龍頭的中型企業工作二十三年之後，再也無法忍受那些在鉻鋼與玻璃製成的辦公家具間工作、表情木然的人了，所以決定放棄那份退休金相當豐厚的工作。這是革命嗎？那假如你拋棄鐵飯碗，計畫在杜塞朵夫的卡爾廣場（Carlsplatz）旁開一家救濟窮人的小餐館呢？假如你去加拿大，而且跟你那討厭的屋主說你「永遠」不回來了呢？

　　有人這樣說，有人那樣說。原因在於，在神之花園裡有很多空位，有同樣多形式的觀點、感覺、真實的情況與感受到的情況、心理承受力、對「革命」的定義。沒有什麼是對的，也沒有什麼是錯的，有的只是你的觀點、你的感覺、你的真實情況與感受到的情況，甚至是你的心理承受力，以及你對「革命」的定義。某個東西對一個人來說是地獄，對另外一個人來說卻是兒童嘉年華會。反之亦然。所以說，你分手、辭職、去創業，或是去加拿大，或者是以上全部加起來，絕對都是可以的。不過，生活本身已經夠艱難了，你又何必給生活增添不必要的麻煩呢？在這裡，你的品牌特質也能派上用場：它讓你不會輕率採取行動，讓高壓鍋蓋不會一飛沖天，讓你開始做大改變和調整之前能有足夠的考量。它給你一條開傘索，拉了之後，甚至出現一面張開的降落傘，讓你在降落時，即使是在最壞的情況下，也只摔斷你的小腳指頭，而不是你的脖子。降落傘甚至讓你在著地後，吃力地站起來，一跛一跛地往前走的同時已看到其他明確可行的途徑。

■規畫良好的個人發展計畫

這已經是夠革命的了。「分手」始終是一種革命。分手時，好朋友給你支持，計畫好散心活動幫你度過這個艱難時期。辭職也是一種革命。辭職時，財政儲備金是你的依靠，對其他可能性的夢想，包括銀行審查過的商業計畫也是。拋開鐵飯碗也是一種革命。還有，你在移民加拿大前不妨先在當地給自己一段較長的考驗期，以做好準備，再下重大決定，才會是最愉快的。一切視痛苦所帶來的壓力而定，這個重大步驟是一個「短螺絲」，我們得盡快用力旋緊它。現在馬上動手吧，最好是拿電動鑽孔機！這是一個立即措施，有絕對優先權。再者，一切都有關聯，就像旋轉吊飾一般，拉一條線，全部都跟著轉動。一個具有絕對優先權的短期措施因此牽動很多具有中度重要性與沒有什麼重要性的中期措施和長期措施。

一個規畫良好的個人發展計畫協助你在「革命」和「進展」之間，「短期」、「中期」和「長期」之間做更好的拿捏。總的來看，讓你已經開始的活動，或尚在計畫中的活動有個正確的依歸。比方說一個儘管傷痛，但仍妥善規畫的分手決定，一切都盡可能深思熟慮地進行，在小孩、房子、財務方面也是，你甚至還說出你的伴侶也這麼想，但不敢說出口的話……又比方說，週末好好休息過後，回頭看那些在鉻鋼與玻璃製成的辦公家具間工作的人們，他們的臉似乎沒有那麼木然了，你又可以忍受在那裡工

作，直到找到更好的工作。或者是，在仔細觀察過後，你發現任職的公家機關也可以提供你另外一個可能性，一方面讓你剛剛發掘的企業家天分得以發揮，另一方面仍保有你的公職人員身分。至於前往加拿大一事，最好暫時以待一段時間的方式進行，也就是六個月在這裡，六個月在那裡。無論如何：你的發展計畫很快就產生旋轉吊飾那樣的效應，比你所想的還要快得多。不妨調整你的發展計畫，在這裡畫底線，把那一部分劃掉。你的計畫是有生命的。

■時時檢視品牌發展狀況

你每天都常常觀察品牌區發展狀況。你總是把個人發展計畫放在書桌抽屜裡的最上方，跟釘在一起的紙張、便利貼和具有各式各樣鮮豔色彩的原子筆放在一起（切記不要將你的個人發展計畫打洞、裝訂，放在編號「P」或「E」的檔案夾裡，然後讓它石沉大海）。你要致力於自己的個人發展計畫，每兩三個月將它重寫一次，重新組合它。你採用老一輩人的工作方式，真的用紙筆書寫，完全沒用到軟體。你生活裡其他真正重要的書寫工作，比如日記、情書、買房契約的簽名，你也不是用電腦來做的。

就這樣，從藍圖中形成了針對真的適合你的房子裡每個工作環節的「施工計畫」。從地下室開始，從根據你們的家庭計畫來決定的兒童房理想數目開始，以及從可以負擔的費用開始。挖土

機可以開過來了，混凝土工人和砌牆工可以來了。之後，木匠、屋頂工人、供暖設備裝配工、衛浴設備裝配工與電器工也來了。接著來的是家具搬運車。它甚至卸下真正適合你的房子、你可以由衷想像和它們一起生活很久的家具。為了這所有一切，你甚至願意很長一段時間分期還清貸款。正如同烘烤食譜：你知道自己想要烤什麼樣的蛋糕。你有奶奶傳給你的最棒食譜，上面寫著你所需要的東西，你買齊所有的配料。在食譜上甚至還寫著，先將麵粉放進攪打過的蛋糖糊狀物裡，杏子果醬還得再稍等一會兒。你認識到，櫻桃和鮮奶油是一個完全不一樣的「工地」。你認識到，為了讓來喝咖啡的客人品嚐出你的蛋糕裡藏了多少好東西，你必須做的是：不只是讓客人嚐出蛋糕的好味道，還要嚐出你投注的心力與愛。

■強力品牌只會逐漸增強

如此的你，從一開始就是一個強力品牌，而且還會逐漸增強。你可以放鬆地躺靠著休息。很多事情自然而然地發生，你不需要過度擔心別人是否沒有注意到你的特質和品質。湯瑪斯·勾特沙爾克很早就認清這點，所以早在1990年代初期就搬到馬里布（Malibu）去。像我們這樣的人，這樣做可能會怕得發抖，甚至不斷地問自己，別人是否會忘記我、德國電視二台（ZDF）是否乾脆就不再打電話給我了。結果情況完全相反！勾特沙爾克的品牌

是如此獨一無二、強大、真實且「勾特沙爾克」，以致於它承受得住這樣的情況，就像它承受得住偶爾有的批評，以及〈你敢賭嗎？〉（Wetten dass...?）電視節目一再傳得沸沸揚揚的接班人謠言一樣。在電視從業人員就是需要勾特沙爾克的時候，他們打電話給他，詢問他是否有時間，然後提供他錢，寄給他一張飛往法蘭克福、返回洛杉磯的頭等艙飛機票，每次都有加長型豪華轎車接送到機場。我可以想像，他到達目的地後，有個人拿著一個上面有個大招牌的棍子站在那裡，牌子上寫著：「個人品牌勾特沙爾克」（在德國），「個人品牌湯瑪斯」（在美國）。

當你想要受到重視的時候，你就必須很少出現；當你出現的時候，你做的所有事情和放棄的所有事情都會助長你的品牌。湯瑪斯·勾特沙爾克在這方面做得很完美。

■堅持下去，美好就在不遠處

有個個人品牌讓我印象特別深刻，它的力量是沒有人比得上的，這個個人品牌就是：聖雄甘地。甘地依靠直覺，完全沒有品牌技術的協助，就做得這麼好、這麼正確，所以他成為我平日工作的典範。每當我想到那部介紹他一生的電影，就感受到他的力量。或者是當我想到他的名句：「弱者永遠都不會寬容，寬容是強者的特質」時，我就有一種醍醐灌頂的感受。甘地證明了品牌強大的人追求的不是好還要更好，而是在正確的時間做正確的事。

我們養育孩子，孩子慢慢長大，他先是二歲，然後十五歲。在這段期間，我們不會去想寧可要一個女孩，也不要一個男孩；或者相反，寧可要一個男孩，也不要一個女孩；或者寧可要雙胞胎；或者是根本就不要有小孩。我們不會有這樣的感覺，因為愛孩子是天性。取而代之的是，我們很高興孩子的來臨，願意用一輩子的時間來陪伴他。陪伴孩子，需要很多的力量和耐性。有時候，前方的路途似乎糾結難行，無法馬上看到美好成果，但我們還是必須堅持下去，堅信一切都將會很美好。之後，當我們真的再度看到美好結果時，將又充滿了力量，可以往前再走一段新的路程。

在經營個人品牌方面，也是一樣的：當事情不是一開始就顯得美好時，你可以感到疑惑，或失去了耐性，但請堅持下去，將糾結難行的路途理出頭緒！你有「護欄」以及必要的知識與技能助你一臂之力。當你遇到困難時，也不需要把之前所做的一切都推翻掉。除非在你的私人生活、工作或經濟上，一切真的是亂七八糟，你才可以這樣做。但是，你應該先非常仔細地觀察自己的處境，讓別人，比方說一個教練，來協助你，陪伴你度過這個時期。

你現在想到誰？突然也想到達賴喇嘛嗎？想想你自己吧！在平靜中自然會生出力量。我們精力充沛地開始吧！

本節重點整理

● 將品牌研發工作安插進你的日常生活裡，就像淋浴、吃飯和運動一樣。很快地，你將沒有品牌研發工作不行。兩年過後，你回顧這兩年做了什麼時，將會對自己做到的事情感到很驚訝。

● 先處理較小的事情，再處理大事情。大事情隨著時間的流逝，顯得不像一開始所感覺得那麼美好或可怕，很多事情會自行解決。

● 好的規畫是品牌的一半。把計畫的東西寫下來。這樣就可以一再檢驗你自己，非常認真負責地重新評估這所有的事情。

● 如果你計畫從事較大的變革，甚至是進行革命，最好是讓一個專家陪同你做。專家將提供你額外的支持和保障，在這個極端的例子裡，將讓你更謹慎地進行工作。

● 想想看能鼓舞你從自身得到平靜和力量的人是誰？鼓舞我的人是達賴喇嘛，鼓舞你的人是誰？

我的三個想法

1. _____

2. _____

3. _____

建議行動

撰寫你的個人發展計畫——連同短期、中期和長期的目標。15號學習單「我的個人發展計畫」可以作為你的樣本。如果你計畫在兩年內讓自己的品牌開花結果，你規畫的時間看起來應該差不多是

這個樣子：

● 短期：即刻起至六個月
● 中期：從第六個月開始，至兩年期滿
● 長期：從第兩年至第五年

為了能夠達到較大的目標，我們或多或少需要很多較小的措施，也就是部分目標。非常重要的是：大目標和部分目標都必須是SMART的：

● 我要達到什麼？（大目標）
● 我得做什麼才能真正達到這個目標？（部分目標／措施）

當然，個人發展計畫也是有生命的。把它書寫紀錄下來（我的建議），或是存放在電腦裡。根據你的個人品牌進展，以及隨著時間的推移，什麼對你來說變得比較重要，什麼變得不那麼重要，以補充和修改你的個人發展計畫。但是，請帶著力量和平靜的心，採漸進的方式為之，也就是帶著持續性和耐性來從事這項工作。

策略 10 網絡：
一個真心之交抵過一百個狐朋狗友！

政治黨派的偉大演說者們在鎂光燈前以「親愛的朋友們」開頭，對坐在觀眾席後方的議員們說話。這樣的說法產生了連結的效果，使大家成為一個有凝聚力的團體。在今日仍受人敬仰的扶輪社裡，偉伯雙博士甚至被稱呼為「偉伯朋友」，佛格教授甚至被稱呼為「佛格朋友」。這樣的稱呼讓這些人變得不那麼偉大，將社團成員的階級拉到同一個水平。在黨派裡，隨著「大家都是朋友」的情況，也常常出現「你」這樣的說法；不過，在扶輪社裡絕對還是可以維持「您」的尊稱的。這樣也很好，畢竟現今一切的分野都不再那麼涇渭分明，我們有時候用的是「你」或「您」，指的卻是另外一個；有時候說「你」，將關係往前推一步，然後又退回「您」。

■熟人和朋友的差別

所謂「朋友」，指的是那些我們重視且喜歡的人，我們之所以重視和喜歡他們，純粹是因為他們本身，而不是商業利益上的算計，或是想從他們身上得到什麼好處。「友誼」立基於好感、信賴和相互尊重。就是這樣，沒有別的了。符合以上條件的人，就只有那些少數和我們特別親近的人。此外，如果有

人聲稱他有「一百個朋友」，那他的意思就是，還有很多其他的人也是他的朋友。針對這些人，德文詞彙裡有個絕對是很恭敬，但意思完全不同的表達方式，也就是「熟人」。「熟人」並不像真正的朋友，我們對他們的好感、信賴和尊重並沒有那麼地多。在「熟人」方面，算計、商業利益，或想從他們身上得到什麼別的好處，通常是比較重的。因此我主張清楚分別「朋友」和「熟人」，「朋友」和「熟人」並沒有說哪一個比較好，哪一個比較不好；他們就只是完全不同而已。

請你在喝杯茶的時候閉上眼睛問自己：當你有困難時，誰會願意為你赴湯蹈火，在所不惜。你在度假時生病了，沒有辦法跟著去滑雪時，其他人會為了讓你高興，留在旅館裡陪你玩一整天嗎？你失業了，本來每個星期五都會外出和朋友吃披薩聯絡感情的，但現在你不想花這個錢了。其他人會帶著冷凍食品和Lambrusco微氣泡葡萄酒到你家，大家在餐桌旁吃喝得很開心嗎？你和伴侶分開了，需要找一個地方暫住兩星期。這時，你的「朋友們」家客廳的沙發床突然就變成不是沙發床了，而且很可惜的是他們岳母都要待久一點嗎？

■ 患難見真情

在寫這本書的最後幾天，我穿著鞋底平滑的室內運動鞋在平滑如鏡的瓷磚地板上跌了足以拍成電影的一跤，手臂骨折，精

確地說，是右手橈骨小頭半脫位。突然間日常生活的一切活動都要花三倍的時間才能做好，我再次深刻體認到要珍惜健康。這時的我突然變得很奇怪，隱居了起來，不與別人來往。我在家裡的餐桌旁用左手食指打字，偏偏在此刻突然很想要慢跑去奧林匹亞公園。過去幾天，我橈骨小頭還未受損的時候，總是做不到這件事。手臂骨折後，我把他們看作是朋友的人打電話來、寫信來慰問，過來看我，關心我的健康。他們把我塞進冬季大衣裡、把我從家裡拉出來、載我去看醫生、開車送我去德國各地，好讓我可以履行已經答應了的演講和主持活動。我想到1995年，想到施特菲・葛拉芙和她父親的逃稅事件高潮。葛拉芙在報紙上刊登了超大的感謝廣告，標題是：「A Friend In Need Is A Friend Indeed！」，意思差不多是：「困境裡伸出援手的朋友才是真正的朋友。」反之，在這樣的一個情況下，如果有人在電話中說：「你坐牢出來後再聯絡吧！」或是「你身體恢復健康以後再聯絡吧！」你肯定可以認出這個人只是個「熟人」。順道一提，「手臂骨折」無疑是「說故事」的絕妙素材，如同你剛剛所讀到的。尤其是它的發生和冰雪、溜冰及滑雪一點關係也沒有的時候。

　　誰不會囉唆問東問西，就只是採取行動、付出和安排一切，誰就是「朋友」。誰不但在我飛黃騰達的時候陪在身旁——這每個人都做得到，尤其是在我落魄潦倒的時候仍然陪伴著我，誰就是「朋友」。這樣的朋友也許半年沒聯絡，現在我們卻一起坐在

他居住的城市裡，在他最喜歡的義大利餐廳點完餐之後，一起仰望著春天的天空。我們開始天南地北地聊，再喝一瓶喝一點就覺得很滿足的酒，直到服務生皮耶托終於來把所有的長椅折疊起來，我們在離去時心想：上次見到彼此一定是上個禮拜！我有幾個真正的朋友，他們是我最大的財富。他們是給我的心和靈魂的「人力資本」，我如此定義他們。

■降低「必須」和「總算可以」做事的壓力

　　反之，在「熟人」方面，「上次見面」不只是真的「上次」，感覺上好像有半年沒見了。你要費盡心思才能和他聊起來，並且，為了安全起見，你最好先和這個朋友聊一些暖身的話題，比如說工作、車子和度假。等彼此夠熟悉之後，你或許還可以跟他聊伴侶關係和辭職的事情，但最好不要聊到疾病、心痛的事情和恐懼。在一個晚上就聊以上全部的話題更是不行。「熟人」是你打電話祝賀生日，度假時會寫張卡片問候的人。再次邀請他來家裡坐坐是寫在日曆上的一項「任務」。如果「任務」無法執行，最後又過了一年才又再次見面，我們雖然會很驚訝時間竟然過得如此之快，但無法見面也是沒有辦法的事。我大約有一百個對我來說或多或少重要的熟人。但是，所有寫聖誕賀卡給我的人並不屬於這一類的人，所有列在Outlook通訊名單的人也不屬於這一類的人。

　　如果你也區分「朋友」和「熟人」，將會出現兩個好的效應。第一個效應是：降低你「必須」和「總算又可以」做什麼事的壓力；降低一定要辦一個盛大的整歲生日派對，這樣所有的朋友和熟人才可以來的壓力。事實上，你根本不必把所有的朋友和熟人都邀請來！有的人就只跟五個人一起慶祝整歲生日，整夜狂歡，盡興而歸。其他人根本就不慶祝。他們較喜歡在山上小屋舉杯祝自己生日快樂，想像此情此境阿爾卑斯山上星光閃耀的夜空是他們周圍人送的生日禮物。他們會在接下來這一年當中邀請真正的朋友來慶祝生日，但不是根據日曆上的日期，而是在他們想要的時候。第二個效應是，你可以用不同的方式利用這兩種不同類型的人。我知道，本書開頭也說過了：「功效」聽起來令人感到不愉快。但請正面看待這個詞，用你最漂亮的鋼筆寫下一個你最喜歡的詞來替代這個詞。（就像之前說過的，這是一本工作手冊──便利貼、折角、螢光筆、手寫字，絕對都是允許的。）

■每人經由六度分隔認識另一個人

　　好的人際網絡，和構成一個強力品牌的所有要素一樣，最重要的是品質。在此，「品質」指的是你可以和他們發生摩擦與成長的朋友和熟人的個人品質。所以說，聯絡人的數目是次要的。你屬於那一群在StayFriends和IXing社群網站上收集人，就像以前在真實世界收集足球卡一樣的人嗎？大量收集人，常只會帶來不知

如何管理聯絡人的壓力而已。突然間大家都想要和你去喝杯啤酒或喝杯咖啡，若你還橈骨小頭半脫位的話，一切就都行不通了。你最好有勇氣拋棄那些聯絡人，有勇氣謝絕大家的邀約（詳見第208頁〈策略8：宣傳〉）。

我常說的一個關於「人際網絡」的故事：斯坦利‧米爾格拉姆（Stanley Milgram）的「小世界現象」。美國心理學家米爾格拉姆在1960年代寄信給一位住在波士頓（Boston）的股票商，但不是直接寄給他，而是寄給住在內布拉斯加州（Nebraska）和堪薩斯州隨機選出來的人；也就是說，寄給從地理和社會結構方面來看，離波士頓有相當距離的人。米爾格拉姆請求這些人，要是他們不認識這位證券經紀人本人的話，不要把信直接寄給他，而是將信傳給某個他們認為在社會關係上比他們更接近他的人。就這樣，沒有更多的資訊了。讓人驚訝的是：大部分的信件只經過六站就到達收信人的手裡。從這個質性研究和其他的人際網絡研究中，我們得出這樣的結論：每個人平均經由六度分隔認識另外一個人。換句話說，歐巴馬和達賴喇嘛經由六度分隔認識你，你也經由六度分隔認識歐巴馬和達賴喇嘛。（當然，這個理論也適用於奧薩瑪‧賓‧拉登〔Osama bin Laden〕和他的同夥們。）社交網站Xing的整個企業模型就是建立在這個發現之上，並且獲致極大的成功。在經營人際網絡時，你也應該將這一發現列入考慮。

■五個經營有品質的人際網絡建議

尤其要思考的是，你要為自己的社交聯繫做些什麼，你要如何做，和誰一起做。建立和維護人際網絡是件勞心勞力的事。這樣是對的，否則每個人都做得到了！這麼一來就沒有惺惺相惜、成長茁壯和感到高興的機會了。所以，仔細考慮將誰列入你的人際網絡裡是絕對值得的。誰對你來說，撇開他是否給你帶來一個「功效」不談，是很有價值的呢？你對誰保有熱情，你想要知道誰更多的事情，你甚至想從誰身上學習？首先根據自己的品牌特質進行以上這些問題的思索，然後你將會知道自己想要加入什麼樣的團體。這樣經營人際網絡會更有樂趣。除此之外，你之後不必一有什麼邀約就應允。你知道自己需要什麼，不需要什麼。

以下是五個經營有品質的人際網絡建議：

1. 檢查人際網絡：你知道自己花了太多時間、精力在人際網絡上嗎？請將所有聯絡人的名字寫下來，做個人際網絡檢查。第332頁的16號學習單「我的人際網絡檢查表」是你進行人際網絡盤點的好幫手。它讓你對自己都做些什麼來維持和他人之間的關係、滿足你想要和人接觸的需求、認識有趣的新朋友，有個清楚的認識。你把為每個聯絡人花費的時間和心情寫下來，也將你對每個聯絡人有什麼樣的期待寫下來。他對你來說有多麼重要，特別是拿他與其他的朋友相比，以及從你有限的時間預算角度來看

的話？完成人際網絡檢查後，一切就都清楚了，你可以根據清單心安理得地決定和哪些人中斷聯繫；想要和哪些人有更深入的往來，因為你對他們很感興趣，同時想要將哪一些新的人列入你的清單裡。

2. 集中時間、精力：我們常說「沒有時間」做這件或那件事，其實不是這樣子的。我們大家擁有的時間都一樣多，一天二十四小時，不多也不少。我們沒有時間，是因為我們不想抽出時間做很多事。我們沒有時間，無非是因為我們從理性算計的角度來看，覺得另外一件事比較重要，也或者是因為我們內心抗拒做這件事，但卻很期待做別件事。所以說：脫離你一個禮拜去一次，和他人坐在一起愉快地聊天吃東西的組織吧！那只是浪費時間罷了！對雙方來講都是浪費時間。一如我脫離獅子會時所做的：我花了很多心思考慮如何寫一封充滿敬意的信給會長和之後如何與會長談話。最後一切都清清楚楚的，彼此在尊重的氣氛下結束關係。我在獅子會認識的一些熟人直到現在都還有聯絡。如果我們這輩子還有第二次見面的機會，我們還是會向彼此打招呼問候的。你也可以以類似的方式退出企業的運動隊、城區委員會、踢踏舞社團……

3. 拋開一些聯絡人：拋開你中小學時期、職業培訓時期、大學時期、不同的工作階段，以及在派對上認識的人吧！他們只是負擔，當你忙著管理所有聯絡人的同時，就再也看不出誰是真

正的朋友，誰是熟人了。你要有勇氣對自己喊「停」。到這裡就好，不要再繼續下去了！如果雙方的聯絡間隔愈來愈長，彼此都沒有改變現狀的意願時，那麼一段載浮載沉的關係就會自動結束了。若是別人不敢做出改變，你就自己做出改變。不過，要是另一方總是糾纏著你的話，請你以清楚，但具同理心的話語告訴他或寫信給他，你的生命出現了變化，因此你想花少一點的時間和他聯繫，或者是你甚至再也不想花時間在這段關係上了，有時候是比較好的。我知道這麼說並不好，但如果你清楚明瞭，又顧及他人顏面地和對方溝通，事情其實也不是如此地糟。無論如何，「誠實」都是最重要的。

4. 「較少」即是「較多」： 你不要什麼團體都加入，只要挑選一個好的網路平台，參加一個運動社團和一個促進團體就可以了。其他人會因你這樣做而感謝你的，如此一來你可以經常出席，真的有興趣接任某個職務，真的願意花時間投入做事情。人際網絡畢竟是取決於你主動積極的態度。之後，當社團查帳員的郵件又出現在你的信箱裡時，你不會嚇得目瞪口呆；你會再次快速地回覆郵件，一如你對自己的一貫要求。此外，你也可以為團體貢獻己力，若把參加的團體比喻成「一鍋菜」的話，你可以扔進很多東西到「這鍋菜」裡。因為，只有每個人都這樣做時，「這鍋菜」嚐起來才會好吃，也才夠大家吃。畢竟你也想期望成真：你的感官應該會因此感到飽足，尤其是腦袋。以這樣的方式

經營人際網絡會帶來很多的樂趣，而這也是人際網絡正常運作的基本前提。

5. 給自己自由發展的空間：如果你沒有把自己的行事曆填得滿滿的，就會有時間和閒情逸致給偶然發生的人際網絡。偶然發生的人際網絡可以是特別扣人心弦、富有成果的。其實你只想快速在超市買個東西，但在收銀台前排得老長的隊伍裡卻發生了一件不可思議的事情：那裡站了一個你三年後和他一起創建公司的人，或是三年後和他結婚的人，或是三年後一起創建公司和結婚的人。但是，如果你根本、根本沒有時間的話，你就不會注意到剛剛發生了什麼事，這個拓展人際網絡的機會就這樣未加利用地消失了。又或者是在中午休息時間，你本來只想單獨出去喝一杯咖啡……或者是在月台上，當近郊通勤列車又誤點的時候……在這一類情況下相識的人，可以很快就發展成很有價值的聯絡人，這樣的聯絡人比「我可以把你加入我的聯絡人清單嗎？」的電子郵件美好多了。

你確實經營更多真實的人際網絡，而不是虛擬的人際網絡；更多非正式的人際網絡，而不是正式的人際網絡；更多偶發的人際網絡，而不是預先計畫的人際網絡：有什麼是比你在火車上和對面這個讓人產生好感的有趣人士盡情聊天，此外餐車上的食物甚至非常地美味，以致於你根本沒有感覺到幾小時就這樣飛逝

了，還要棒的事呢？

本節重點整理

- ●「真正的朋友」是願意半夜三點開三百公里的車將你從困境中解救出來的人。其他所有的人都是「熟人」。
- ●如果你是一個品牌，清楚知道你的朋友是誰，當別人拿著賓客名單向你吹噓的時候，你可以一笑置之，不予理會。
- ●回想上次和知心朋友共度的美好夜晚。如果你將重心放在對你來說重要的人身上，就可以更常和知心朋友共度美好的夜晚了。
- ●好好利用日常生活的人際網絡舞台：一個真誠的微笑和一個愉快的字眼，可以奠定一段美好的友誼。
- ●以清楚直率、尊重的態度說讓人聽起來不舒服的實話：你應該以這樣的態度面對想成為你的朋友，但其實只是你的熟人的人。

我的三個想法

1. _____

2. _____

3. _____

建議行動

使用16號學習單進行人際網絡檢查：你究竟認識誰，為什麼？

- ●哪些聯絡人真的能帶給我一些東西，尤其是給我的心靈和心情帶

來一些好的東西？

● 對我來說，哪些人在很久以前很重要，但如今只不過還是一起喝咖啡和啤酒的朋友，純粹浪費時間而已？

　　第一種人是你應該加強聯繫的人——也許一段真正的友誼就這樣形成了……你可以立下例如這樣的目標：「我想要在三個月內親手寫一張謝卡給穆樂太太，感謝她送我那麼漂亮的聖誕禮物，並且邀請她和她的先生到我們家吃晚餐。」

　　第二種人是你或許可以減少聯繫，或甚至中斷聯繫的人（放手，以尊重的態度拒絕）：為了那些對你來說真正重要的人，放棄這一種人比較好。

　　人際網絡檢查表也是有生命的，它會隨著你的意願和行動措施而有所改變。

4

讓你的品牌
開花結果

現在你有一個真正的品牌——一個強大、獨特、具有未來展望的品牌，如此地突出、如此地明確，和你所欣賞的企業品牌，例如：最喜歡的建築材料商場、最喜歡的時裝商標、最喜歡的汽車品牌一樣。也和各式各樣的洗衣粉、巧克力棒、冬季輪胎中你最喜歡的商品一樣。現在，競爭可以儘管到來，情況可以儘管變得艱難，因為我已做好了萬全的準備，沒有人可以打倒我！我的品牌牆上有我的品牌蛋、我的特點和社會貢獻，此外還有我的品牌主張、圖像世界和想像世界！別忘了還有我的宣傳廣告，我用它簡短有力、毫不妥協地來說服站在我對面的人！

　　等等！現在你雖然擁有了一個品牌，但你還不是一個品牌。整個品牌研發工作根本還沒有結束。相反的，它才剛剛開始！雖然，你已經弄清楚自己的品牌：你是誰、什麼推動著你、你對什麼充滿了熱情；你研發出了自己的品牌核心，制定了短期、中期和長期目標及措施的個人發展計畫，檢查了你的人際網絡，且為你的所有行動設立了「護欄」。但是，現在最重要的是這句座右銘：「別光說不練，要堅持不渝、毫無例外地去做！」在第63頁〈個人品牌強力鮮明的好處〉那一章節裡，企業在用高亮度紙張製作的小冊子裡宣傳自己有多棒，售貨員在冗長的獨白中大談特談自己有多棒，會引起顧客什麼樣的反應。沒錯，就是勉強一笑。所以說，如果你把自己的品牌牆高高舉起，大喊：「我現在是一個品牌！」我的反應也會是這樣，勉強一笑。你的家人、朋

友、熟人和同事的反應也一定是這樣。其實，如果別人這麼做的
話，你自己的反應也會是這樣吧！

■調整所有廣告以配合品牌蛋

為了讓你是一個品牌：你要表現出你是誰、是個什麼樣的
人、為什麼是這個樣子，不是另外一個樣子，還有為什麼你會做
這件事、就是採取這樣的態度。我們所欣賞的商品製造商也是這
樣做的：他們用厚紙板、紙張和塑膠套包裝商品，使其符合、
傳達和說明品牌。在包裝上會印上商品目標群喜歡的顏色，想用
那些顏色特別迎合顧客的喜好，以說服顧客相信他們的商品。
透過塑膠套，人們甚至可以看到漂亮T恤的一小部分，或是看到
給彩色衣物的新強效去漬因子Megapearls。這就是所謂的「眼見
為憑」。我們繼續拿洗衣粉來做例子。製造商製作「促銷指示
牌」，以強力的字眼和粗體的百分比符號促使消費者直接在超市
的貨架旁注意到商品。製造商也會根據市場調查的結果，在鎖定
的消費者群特別喜歡閱讀的報章雜誌上刊登廣告，在設計廣告
時，還會特別清楚地將商品的獨特賣點和功效強調出來。此外還
有電視和廣播廣告、在超市停車場分發試用包的人、試用週和酬
賓活動等等。一切都一定要事先安排妥當才行，因為之前的研發
工作耗費了太多的時間、精力和金錢了。行銷部門有大筆的預算
來宣傳商品，把訊息傳遞給顧客和使用者。因為它只有這麼一個

機會以新商品贏得市場占有率，如此才不會成為十個新引進市場，但很快就從貨架上消失的九個商品其中之一。

　　這就如同BMW的品牌蛋。中間的品牌核心是「愉悅」，周圍的品牌價值是「動感」、「美學」和「革新」。正如BMW調整所有商品和全部的廣告以配合它的品牌蛋，洗衣粉製造商在開始之前也一樣要評估所有的行銷活動：

● 採取的措施是否能給品牌帶來好處，是否能夠清楚說明品牌核心所要傳達的最佳功效；

● 措施是否在品牌所有組件確定的「護欄」內運作；

● 哪些措施是最重要的，哪一些措施還可以等待；

● 如何理想地將所有的措施聯繫在一起，使它們盡可能持久且將最多的品牌特徵帶給盡可能多的顧客。

■持之以恆、堅持下去

　　在製造商真正開始行動之前，他們會考察上述所有的事情。請你也要這樣做。此時你的個人發展計畫就是一個重要工具。它理想地規畫整個發展進程，將所有的目標和措施連結在一起。特別是不會讓所有的計畫突然或根本無法正常進行。還有一開始就讓你由衷地認為自己的品牌將會開花結果，於是你展現出自己的品牌，讓人可以感受到它。石頭噗通一聲落進水中，這是開頭，

之後出現第一波較大的漣漪，然後慢慢擴散到池岸，讓大家都看得見的較小漣漪，這全都是你使人可以感受到的東西。

你需要時間讓個人品牌開花結果。本書一開頭第21頁的〈本書使用建議〉裡，提到兩年期限，一個品牌應該有這麼長的時間逐漸成熟，也談到品牌組成部分應該在這期限內結合在一起；換句話說，那些今天已經存在的組成部分和那些還沒有成為事實的組成部分將會連結在一起。根據經驗，品牌需要這個時間獲得生命，讓你，也讓其他人，感受得到。品牌也需要這個時間逐漸吻合你賦予它的框架：以想法、大大小小的目標，尤其是藉由較大和較小的行動來達到目標。你放棄的習慣及剛要形成的習慣也是其中的一部分。

品牌形成可以是很快的，也可以是有點慢的。快慢一點都不重要，重要的是，你持之以恆、堅持下去、既有意識又無意識地開始一些事和放棄一些事。這就像學習一個新的語言，重要的是持續性，每天複習幾個生字，學習幾個新詞，聽和說一些句子，一個星期一至兩次在固定的時間上課，自己一個人上課或是和其他人一起上課。如此一來，不管是新的語言或新的品牌都將自然而然地成為你的一部分。很快地，你就會自行著手現在還在計畫做的事（詳見你的品牌牆，尤其是你的個人發展計畫）。

■用行動展示改變

在你的行動方面，分成兩個領域：

私人領域方面：你做的所有事都只是為了自己──以便讓你的品牌成為事實。你已經做的一些事就是這一類的事；特別是個人發展計畫、人際網絡檢查和所有其他的想法、計畫，以及打定的主意，例如：在工作上的改變、從事少一點的業餘活動或從事不一樣的業餘活動（或甚至是從事你第一個業餘活動）、留更多的時間給家人、對能夠幫助你品牌開花結果的進修和深造可能性有個清楚的概念……所有這些準備中的行動，對你要將計畫在公共領域付諸實現來說非常必要。你的品牌不但要讓自己感覺得到，也要讓大家都感覺得到。

公共領域方面：你做的所有事情都是為了大家，你的品牌也逐漸為外界認識。現在你改變了一些事情，這裡少做一些，那裡多做一些；也做些完全新鮮、到目前為止沒有人會把它跟你連結在一起的事情。你開始獲得品牌研發工作的成果。也許你開始從事新的業餘活動，周遭的人逐漸感覺到你不一樣了；這些人是你同事、家人，和認識的人。一定會有人問你到底發生了什麼事。也希望有人會問這個問題，畢竟你具有重要性，值得人們和你進行一場好的爭論。如此一來，你得到了新的關注，在個人品牌預先規定的「護欄」內可以找到給予他人的答覆和論點。當然也一定會有人覺得你的轉變一點都不好。但你畢竟造成了觀感兩極

分化，也許較之以往更甚。他們是那些對你來說不再如此重要的人，其他人和課題已經接收他們在你的優先順序表上的位置了；此外，他們根本就不喜歡你改變後的樣子。遇到這樣的情況，清楚公平的處理就顯得格外重要，你可以好好說明自己的改變，也可以減少和他們往來，或是尊重他們的想法，中斷和他們聯繫。（詳見第237頁的〈策略10：網絡〉）。

■ 鬆手放掉不需要的東西

　　現在你的品牌成形了。它讓你事半功倍，得到更多真正豐富生命的東西。你在可以投入想法、心血和力氣的領域上努力，不要總是每件事情都做一點點，而是要把全副精力投注在一件做得最好的事情上。你的品牌允許你在其他領域很弱，也允許你表現出很弱的樣子。這讓你的品牌顯得真實、有人性，讓別人可以感受到你。對你來說，在很多領域只具有中等的程度，根本不是什麼糟糕的事。在其他完全不一樣的領域，你可是一路領先，是個佼佼者！我認為，這就是「放手」的最好原因，乾脆鬆手放掉很多你不需要的東西。

　　為了讓你真的不用考慮太多、做太多、反覆思考太多，卻得到更多，你可以利用日常生活的很多機會讓自己的品牌完美地開花結果，讓別人也能完美地感受到你。在前一章《個人品牌成功策略》裡，有很多讓品牌開花結果的想法、可能性、方法和理

由。你一定也有同樣多的其他想法。你的作法應該在以下幾個方面得到成效：

1. 讓強項變得更強：你現在清楚知道自己哪方面特別在行，別人忌妒你什麼，因此你不只是在那裡可以保持你的優勢，甚至還應該進一步發展你的優勢。「讓強項變得更強」適用於運動，也適用於你在特殊領域所具備的知識；適用於職場，也適用於私人生活（「硬能力」〔Hard Skills〕，也就是理性能力和專業知識）。在特殊領域具有非常特別知識的人，通常都擁有極大的吸引力。如果你將這個知識迷人展現，且依照個別情況，比如在會議上或受邀參加朋友的慶生會，有所調整地傳達出來，並且和對話者處於對等位置，而不是居於高高在上的地位，那麼你對大家來說就會特別有吸引力。為了讓情況真的如此，還要再加上「軟能力」（Soft Skills）（情感能力和表達方式），它應該在大家體驗你和你全部特質的那一刻，和你的硬能力連結在一起。因此，進修和進一步增強你的強項是很重要的：雄辯家會更加出色地雄辯、有天賦的表演者會更有天賦地表演、完美的舉止將會更完美……對你而言，現在進修是有意義的，因為你可以很有規畫地做這件事，你知道自己在做什麼（詳見第179頁〈策略6：真實〉一節）。

2. 弱項不用理它：只要你清楚看到自己的強項，清楚定義了

它們，那它們現在就已經夠強大了。你的強項將會愈來愈強大，一般而言，你這輩子有這些強項就已足夠了。你沒有理由還想要在完全不同的領域也做最頂尖的那個人。假如你有語言缺陷——那又怎樣呢？你大概也不想成為每日新聞播報人員吧！你不會英文？德語區對你來說夠大了。再說，科爾、施羅德和梅克爾的英文也不好，他們還不是在國際舞台上占有一席之地。你不會烤蛋糕？有麵包師傅可以代勞！你不會蓋房子？這世上有建築師和營建公司！總而言之：請把證明不屬於你的強項或你不熱衷的愛好讓給別人吧！我這一輩子都不會開始單板滑雪、打高爾夫球、騎摩托車、學中文、搞園藝、繪畫、裱糊、唱歌、彈鋼琴……

3. 找到舞台、善用舞台：有你和別人的地方，就有你的舞台。舞台可以是在電車裡，也可以是在公司的策略會議上，也可以是當你在二個人、二十個人或二百個人面前演講，或是和你的樂團同台演出的時候。你善用這些舞台，你先和觀眾一起表演，然後感動他們！你在幾乎空蕩蕩的電車裡直接擠到唯一的一位乘客的旁邊，你等著看他會如何反應！不會真的發生什麼事情的。在會議室裡，當輪到你發言的時候，你嘗試一個新的姿勢——手臂不要交疊在一起；站起來，不要坐著；試著不要一直玩活動掛圖麥克筆。另外一個很好的練習場域是：從今天開始，你每天早上上班途中買早餐時，饒有興味地含笑注視麵包店女店員。麵包店現在也是你的舞台！我們等著看櫃檯後面的女士如何反應。也

許你們甚至會交談起來？我給學生上課的時候，也嘗試做不同的事情。學生可以承受不同的考驗，例如：我站到桌子上，有兩分鐘的時間什麼也不說，什麼也不做，他們也能夠接受。我一開始這樣做的時候緊張到冒汗，但由於和學生的試驗進行得很順利，現在的我敢在四百個人面前這樣做了。這強化了我的品牌，激勵我的聽眾仔細聽講、參與討論。

4. 享受清閒：如果你知道自己做什麼，為什麼這樣做，就可以偶爾清閒，什麼事也不做。因為你不需要在每個提供給你的舞台上唱歌、跳舞、表演。這讓人感到放鬆，而放鬆是件好事。你坐在最喜歡的沙發椅上，也許調整一下你的品牌，因為在讓品牌開花結果的過程中有些事情變得更為重要了，你在樹立品牌的階段並沒有好好地思考過這些事。現在你將一切都連結了起來，想要再一次改善這個或那個品牌組件，尤其是改善你的發展計畫。畢竟一個強力品牌全年都在開花結果，「開花期」至少持續十五年，在理想的情況下持續一輩子，前提是如果你好好愛護它的話。你可以充滿閒情逸致地做這樣的事。當你坐在沙發椅上，什麼也不想，什麼也不做，你還是會感到極其快樂，因為你沒有錯過對你來說真正重要的事情。也許這時窗前有隻松鼠爬到樹上，或是收音機正在播放一齣廣播劇。這就是你下午時光做的全部事情了。

5. 製作十張自我宣傳的網頁：假如你是自由工作者的話，

可以像之前提到的洗衣粉製造商一樣為自己和品牌做廣告，獲得的效果一樣好，但方式更簡單。你利用自己的品牌特質，特別是你的「宣傳廣告」作為基礎。如此你總是有所準備，如果有人想要更進一步認識你的話，不必大費周章地閱覽大量的說明、PDF檔案和網站。你將網頁的數量限制在十張，畢竟別人沒有那麼多的時間看你的資料。你的品牌是摘要，換句話說，你的品牌是給協助你製作網頁的專家的說明。你將自己的品牌書面資料交給專家製造網頁，是比較理想的。你的書面資料是為此而存在的！在自我宣傳的網頁上要有你的專業照片、著重突出特質的圖解和說明性的圖片，以及一篇非常個人，能使別人感受到你的文字（你的品牌是給撰稿者的指示說明）。你讓人謹慎地編制你的宣傳網頁，意思就是說，你的網頁上沒有Flash等不必要的特殊效果，但要能夠達到吸睛的目的。網頁設計專業人士知道怎麼做，請他們設計的費用並不算貴。你在網路上終於有了簡短的自我宣傳了，有人想要知道你更多的資訊時，你可以用電子郵件將網頁連結寄送過去，當然還要再加上少少幾句個人話語。有這樣的自我宣傳網頁，不管你是建築師、法學家、企業顧問，或是電腦專家、鋼琴老師和洗衣機維修人員，與所有其他的競爭者相比，你都顯得分外突出。

本節重點整理

- 你的品牌只有在你讓我們大家都感受到它時，才是真的強大。
- 先是私人領域。如果你在私人領域做一些改變，使一些東西盡善盡美，這些東西將會自動擴散到公共領域。
- 持續進修——在你現在想要做得更好，但卻看到有所不足之處的領域持續進修。
- 每天三次站在生活的舞台上！
- 和你每天遇見的人玩個遊戲，注意他們會有什麼樣的反應。他們是你最好的回饋提供者！

我的三個想法

1. _____

2. _____

3. _____

建議行動

開始行動吧！

社群網絡個人品牌運用術

　　許多人以為，「流行」是指唯有置身其中才是所謂的「流行」。現在，人人都在談論社群媒體。這聽起來很棒，卻僅是真相之一。另一個真相是，「流行」指的是正好沒有置身其中。在每個人都以某種型式、在某個地方、某個時候「在裡面」或「在網路上」，或以某種方式配戴電子產品的時代，當臉書變得普及，當我們「朋友」的父親們向我們搭訕，邀請我們當他們「朋友」的時候，對於可以有效呈現且讓人能體驗到的品牌形象來說，沒有置身其中反而更能夠成功。

　　社群網站係由社交組成的網絡，把網路裡的人們彼此聯繫起來，真的成為我們新的真實世界了嗎？以致於我們現在寧可在網路上模擬很多以前在真實生活裡做的事情，伸手可及的人際接觸和真實的人際關係反而退到次要地位，變得無足輕重？諸如蘋果、微軟與Google這些大企業不斷地向我們陳述這件事——不過，請你在歷經品牌研發塑造的過程之後，勇敢地向自己提出這個明確的問題，你是否真正想要這個承諾全部都可以實現？啊，這是多麼令人興奮的事情，在這個虛擬的網路世界裡，你的個人品牌允許你提出這樣的問題。擁有個人品牌的你，如今更懂得自己的人生該怎麼過，而不是在別人的人生裡該怎麼過，尤其是那些別人就像無頭蒼蠅般亂竄，一窩蜂跟隨潮流過他們的人生。好

好利用這個認知吧，就是這個地方！如果你在這一堆按讚、被加、被戳的時候不願意一起參與，甚至引起某人反感，那麼這個某人根本就不值得你在線上給予好感。我們絕對可以有這樣的想法，而這個某人也必須要能夠接受。撇開在言之有物的閒聊中得知為什麼有人不參與會讓人非常好奇（此時我們很快就會豎起耳朵，聽得目瞪口呆），我們不應該總是只看人們對海灘照片、員工餐廳裡的菜色和在火車上經歷或聽聞的故事發表貼文（同時視線絕望地投向自助餐檯上的食物，一邊疲憊地點著頭，腦袋竭力搜尋著恰當的話語來留言）。

愈想要愈會出錯

對你來說，最有利的並不是取決於在不間斷的線上花式滑冰表演中你是否在場，而是取決於你在某個情況下暴露出怎樣的自己。是完成花式溜冰中最漂亮的、賞心悅目的三周後外跳（Rittberger）？還是一個標準的兩周後內跳（Salchow）呢？但若你盡了力，也只能做出一個簡單的一周半跳（Axel），而在裁判們找到標示低分的分數牌之前，又一屁股跌坐在地上呢？這種情況，不管是在線或是離線，都是一樣蠢，而且痛到不行，只是方式完全不一樣。

你是為了什麼要在網路上登場？你又是想向誰展示什麼？你期待得到什麼？那些得以看見你的人會想從你身上得知些什麼，

又學到什麼？愚蠢的是，如果你在一個入口網站或社群網絡中，把自己妝扮得漂漂亮亮，穿上閃亮亮的金蔥小圓裙轉圈圈，甚至完成一、兩個不賴的腳尖旋轉（Pirouette），但是你的看倌們想要的卻是完全不同的東西：不要忸怩作態，寧可你直截了當、開門見山地呈現出自己的特點，對你的能力、目標、能提供些什麼有個明確的印象，讓他可以決定是否要多花時間跟你周旋，或打電話、寫電子信件給你，甚至很老派地和你約在咖啡館見面，點一塊黑森林蛋糕與一壺哈克（Hag）咖啡。而這一切不單只是出於這個令人氣惱的理由——他單是看到你的側面照，就已經聽見婚禮的鐘聲在耳畔敲響了。也許正好相反：若你只是很實事求是地說明你是誰、會做些什麼，恰好這位你在網路世界裡遇見的人，也許更想要讀到關於你動聽的故事，欣賞你內容豐富、深具情感渲染力的影片，只是想要內心有所感動，而不只是訴諸大腦而已。總而言之，這就像我們生活中也常會發生的狀況：很想要做什麼的時候，就會出錯。

社群媒體崛起

　　有一點倒可以預先得知：如果「不管三七二十一地就去做」的話，會錯得最離譜。不僅現實生活中如此，在網路上也不例外。甚至已經從令人吃驚到非常糟糕的地步：數億人一如既往地把他們的午餐PO上網，上傳小動物的照片、貼上小寶寶出醜影片

的連結。這些對作者與讀者而言，是浪費時間也毫無意義，以致於那些善寫能言的人也都啞口無言了。然而，完全不參與社群網絡，同樣也是一個錯誤。畢竟它已經出現了，也在這個世界立足了，我們永遠無法擺脫掉它（就如同手機與電子信件一樣）了。就這點提姆・約翰・柏納—李（Tim Berners-Lee），全球資訊網的發明者就曾尖銳且切中重點地表示：「沒出現在網路上的，即不存在。」[1] 誰對這句話深信不疑，懂得遊戲規則，並且掌控住這整件事的人，就可以在網路上獲得以下幾個方面的好處：

- 可以直接且經常連絡到人。
- 給予所有用戶一視同仁的待遇：不僅身為資訊接收者，同時也是資訊發送者。
- 透過直接溝通建立好感以及（與顧客）聯繫感情。
- 透過直接回覆和發表各式各樣的意見，讓資訊高度透明化。
- 對於個人社群及商務社群所感興趣的事物了解更多。
- 極可能找到潛在為你宣傳個人品牌的大使。
- 費用：幾乎免費。

不過在收穫以上收益之前，在網路上的互動交流也以正面以

---

[1] 參見http://futurezone.at/netzpolitik/was-nicht-im-web-ist-existiert-nicht/24.572.059

及負面的方式快速發展，正如同離線後的真實世界。以前只要在
書桌旁、工作台旁、體育俱樂部裡、義消隊、教堂落成典禮上、
跳舞茶會中、政黨裡、家族舉辦的慶祝活動上表現自我，就足以
在芸芸眾生中不至於面目模糊，而現今則有一種完全兩樣的、甚
至不再是那麼新的溝通平台，尤其是涉及宣傳自己的平台加入戰
局：社群媒體，簡稱：社媒（SM）。

寧為社群媒體奴隸

　　其實，一些頭腦極為機靈的思想家早已向我們預言了這一
切事情會如何發生。幾位備受推崇的美國科學家也身列其中，早
在1999年新經濟（New Economy）正處於全盛時期，他們就仿照
馬丁‧路德（Martin Luther）的《95條論綱》在《破繭而出：網
路時代扭轉傳統企業思考的95項宣言》（Cluetrain-Manifest）一
書中很清楚地預見了未來的發展（其中已有好幾個宣言都已經發
生了）。該書中的第11條宣言（贊成網路化）是這麼寫的：「逛
網路商店的人們發現：他們跟商家之間彼此很明顯可以獲得更
充分的資訊與更多的援助，遠勝於從現實世界中的商人與售貨
員……」其第15條論綱（反對單調的商業空話與印刷文件）則宣
示：「近幾年來，商場同質化的『聲音』……聽起來如此地不自
然與做作，彷若18世紀法國宮廷所使用的語言。」而第95條宣言
（贊成社群網絡）則得出結論：「我們覺醒了，而且彼此互相聯

繫。我們觀察，但我們將不會等待。」[2] 到目前為止，一切都很清楚明瞭。這些針對網路商務行為互動交流所寫的宣言，也非常適用於私人朋友之間的互動交流，因為以前工作與生活之間壁壘分明的界限，現在愈來愈不清楚了。

在我們公司，喜歡將SM與性虐待（Sadomaso）相提並論，因為這兩個SM有很相似之處：在網路上，人們同樣也會以令人痛苦的工具和行為折磨彼此，並且——這是最變態的地方——不只是折磨別人，還同樣折磨自己。他們是奴隸，是新媒體的奴隸：早上醒來還在被窩裡的時候，不是關心伴侶，而是瀏覽臉書；坐在馬桶上則在查閱Linkedin[3]，而不是回想咋晚發生的事；吃早餐時不是思索今日的計畫，而是在玩Pinterest[4]；搭火車或地鐵去上班時不留意對座的迷人乘客，而是上flickr看照片；在辦公室裡不是替集團策略專家葳玻德—史努仁伯格博士（Wiebold-Schnurrnberger）整理最新的銷售數字觀，看而是上YouTube觀看影片。就彷彿是從小玻璃瓶裡源源不斷流出極其香甜、黏稠的食物泥，它轉移了我們對生活本質的注意力，所有的資訊都沉入無關緊要的平靜湖水裡。然後不知不覺又到了夜晚時分，上床睡覺前

---

2 參見http://www.cluetrain.com/auf-deutsch.html

3 LinkedIn於2003年5月成立，發展迅速，早就是德國白領階層和商界人士所愛用的社群網站，可透過該站的撮合來認識其他業界的朋友。

4 圖像社群網站Pinterest成立於2010年，迅速獲得用戶喜愛，最大特色是讓用戶依照喜好，分門別類把照片「釘」在網路布告版上。

還是在被窩裡瀏覽臉書，而不關心身旁的伴侶。社群媒體也很適合用來「拖延」，而不去正視與解決真正迫切待辦的事項。

該參與社群媒體嗎？

　　要不要加入社群網站由你自己決定。我認識一些人，他們很願意接受新的事物，儘管沒有參與任何一個社群媒體，卻每天還能賺到300歐元，是每天喔，這金額當然是指未扣除稅款前的總額。對他們來說，離線時的活動就夠他們建立品牌了，他們在真實生活裡有很多朋友、熟人和活動，從來不會感到無聊。我還有一群也沒加入社群媒體的朋友，對他們而言，社群媒體根本與賺錢、消遣八桿子打不著。我也認識一些有參與社群媒體，他們在心靈和金錢方面都不虞匱乏，一切都沒有問題。然後還有一些人，他們在社群媒體上費盡心力，就像沒有明天一樣，卻什麼都沒有發生，除了得到那些從愚蠢到輕蔑的評語之外，沒發生什麼真實、美好的事情。這往往是因為他們一下張貼這個，一下張貼那個，一下上傳這個，一下又上傳那個，全都是一些永無止盡又平凡無奇的日常創意大雜燴，而無法傳達出他們人格特質與性格，當然就無法讓人體會到他們的個人品牌。

　　你該不該參與社群媒體？沒有人可以給你一個最好的建議，因為這牽扯的不單只是要與不要的選擇而已。反倒是決定「要」就牽扯著諸多面向。一旦決定要加入社群媒體，事情才真正開

始。首先：要，我要加入！其次：那要準備什麼樣的內容、如何參與、選擇哪個社群媒體，又為了什麼目的？針對這些問題的回答同樣也有一個重要的指導原則：我的強力品牌，即是那個人們會在我背後談論的東西。為了讓事情進展順利，我們有很多不同的呈現──私下的面貌、從事休閒活動時、身為職業人士，以及綜合以上所有身分的。關於這個又有各種不同的平台可供使用。至於如何有效地使用這些平台，又有排起來長達好幾個書架的專業書籍，與內容量高達兆位元組的部落格與論壇可供我們參考。然而這些你都不需要，需要的只是：①好的直覺、②你的個人品牌形象，這兩個就是你穿越無止盡的數位世界旅程的安全帶。

發布訊息前請先思考一下

不管是現在還是以後，你一定要一直、一直、一直謹記住一點，那就是網路絕對不會忘記任何事情，什麼都不會忘記。所有你曾經發布的東西都在美國俄亥俄州某個龐大的伺服器裡，再也無法刪除。而養老院裡的樓長奶奶為了慶祝你八十大壽，可以輕易且體貼地將你留在那個伺服器裡的一生豐富影像紀錄，以PowerPoint呈獻給你和整層樓友。聽起來很不舒服吧！所以，慶祝聖誕節的照片：永遠不要上傳網路！我們從陌生人的肚臍上喝龍舌蘭酒（Tequila）：永遠不要上傳網路！度假照片：如果必要的話，只選漂亮的上傳。撞火車的事件：請勿上傳！午餐餐盤：也

最好不要！用頭盔攝影機拍攝的影片：救命啊！貼上出醜照片與影帶的連結：同樣救命啊！自拍，這類在很酷或偽酷的周邊環境當中拍攝以自我為中心的照片：請酌量。撇開所有這些影像，還有許許多多可以說明與呈現出你自己，讓人可以真正鮮明地感受到你的特質；那個東西剛好符合你的個人品牌。就請好好利用這個機會吧！

決定權在你身上，但請以以下兩項要點做為決定的基礎：其一，每次的發布消息、上傳檔案，都應該一點一滴的讓你的個人品牌形象成真——而不是淡化重點，變得模糊不清；其二，詢問自己關於重要性、本質性的問題，在這個什麼皆可替換的、令人遺憾的時代，面對什麼都有且過多的現況，重要性和本質性顯得益發關鍵：在你的生命及在要告訴我們的事項裡，哪些是涉及本質的？若你總是能不斷地細心體察，就能感受得到。最好在每次要發表什麼之前，仔細感受一下自己的內心，因為一時興起的情緒行動，將是你塑造個人品牌時的敵人。

確定目標和準則後動起來

社群網絡不僅可以為你的個人品牌提供有利的支柱或是帶來損害，更確切地說，許多人甚至因而打開了眼界，得以參與新的活動，進而改變了人生。這裡指的不只是那些在YouTube上傳某些特別潮的影片，因為有著數十萬次的點閱數，透過網路廣告分紅

而變得富有的人。

我有個女客戶是位很有天分的版畫家，因此她自然而然地選擇在這個最嚴峻的行業之一打拼。然而，這個市場競爭激烈的程度前所未有，收入報酬持續下降，品質與創意往往也連帶被拖累了。她不願也跟著這麼沉淪下去。因而改從以「靈感」為核心的個人品牌出發，重新定位自己，並且走優質高檔路線（就如同奧迪〔Audi〕汽車與瑞士蓮巧克力〔Lindt〕），不再走低價平民路線（如同雷諾汽車〔Renault〕與賽洛緹巧克力〔Sarotti〕）。於是她先根據自己的個人發展計畫確定網路目標和準則，然後構思出想要的廣告調性及圖像語言，刪除以前的照片與文章，上傳數量較少、但真的很新穎且很棒的照片、版面設計及影片，最後將線上展示自己的所有組件緊密連結在一起，建立超連結。雖然現在找她的委託人比較少了，卻換來了更多真正想找她，而且不會在第一封電子郵件裡一開始就向她探詢費用的委託人。而且，她可以有更多的時間投注於生命中其他重要的事情上。

如果你決定也要在網路上經營自我品牌，那麼現在就是關鍵時刻。如果決定不要，你現在就有空閒了：去你的現實世界散步一小段路吧！這個同樣也能夠讓人體驗到你的個人品牌。

■個人社群網絡

目前針對個人本身的重要社群網絡平台，也就是說使用者不

會特別強調要行銷其產品與服務意圖的,現在只剩下兩個:臉書與Google+。儘管使用者可能會逐漸減少,但可以確定的是它們還會存在好些年,事實上,早在它們崛起時就出現過幾位批評者,預言它們在不久的將來會面臨數位之死。倘若這個預言成真,也會出現別的平台取而代之;這是非常肯定的。我們希望崛起的新平台在資料保護方面是比較透明的。即使許多臉書使用者對這個議題都一笑置之,它卻是一個嚴肅的問題。就如同與核能相關的議題:人們看不見、聞不到、摸不到的東西,就不會意識到。臉書得歷經千辛萬難,才有可能通過德國的隱私保護法規的層層考驗。這方面我們並不是很清楚他們究竟是不能(我不認為,他們畢竟是資訊科技專家),或是不願(可以這麼認為,他們太想拿我們的資料用在投使用者所好的廣告上)。所以你務必要小心謹慎,留心隱私設定,只提供必要的資訊,而非盡可能愈多愈好。對這些社群網絡平台來說,使用者是透明的,而且一直都是,就像他所設定的資訊般透明,只要聰明地詮釋,就可以推斷出其教育程度、生活情況、願望以及消費行為。

完全適用行銷推拉策略

規則1:只透露那些你可以放心地告訴在酒吧裡剛萍水相逢認識的傢伙聽的資訊。並且記著,即使有一天你刪掉了個人頁面內容,事實上它們並不是真的被刪除,只是關閉顯示而已。

規則2：社群平台就像是你家客廳大門：你可以選擇永遠大門洞開，或只是開一道縫隙，或大多數時候都關上。有些特別留意你動態的「朋友」極有可能會將你的PO文用在絕對沒想到的用途上。特別是如果你住在一樓或一棟獨棟的房子，若你興高采烈地公告即將要搭乘豪華客輪到南中國海玩三個星期，你就會成為其他人特別感興趣的對象，並且是超出你原先所想的「有趣」。

　　規則3：在你還沒開始收集朋友之前，就忘了有這回事吧！不要被什麼會帶來神奇功效的增加朋友數，與引人疑竇的網路研討會與講座所說服。朋友的數目並不是最重要的，重要的是他們的品質。

　　比起總是一下子就傾吐洩露殆盡，先只是挑逗、戲弄（Teaser），勾起觀者的慾念，玩一會兒貓抓老鼠的遊戲，手法會來得漂亮得多且更有興味。以美好的舊式窺視秀（Peepshow）風格──慢慢透露一點自己的個性、內心生活、對事物的觀點與心理狀態；到了關鍵時刻，則又閉上嘴巴。這樣的作法也就是行銷專家所稱呼的「拉引策略」（Pull），亦即吸引力或吸力效應。他們深知這比「推動策略」（Push）來得有效，不斷釋放新的刺激：「對我感興趣！」「預訂我！」「買我！」「關心我！」「給我你的付款授權書！」這些方法，適用於商品的也適用於人。誰對這個戲弄（原德文字「Striptease」〔意指：脫衣舞〕）感到好奇，想要看到更多，就必須再投一歐元硬幣。不過，這裡

你可以決定窺視孔什麼時候打開、開得多大、開得多久，還有人們能從那兒獲悉多少關於你的事。建議你只提供經過再三挑選過的內容，平常則是什麼都不給。他們以為花一元就可以得到什麼啊？那可得必須多費點神，尤其是要學習等待。經過設計的等待與有意讓人心神不寧的等待也會加深慾念，好比聖誕節送禮物時。

發布有益個人品牌建立的內容建議

一般說來，加入臉書的人通常也會加入Google+，因此雙重PO文並不是什麼額外工作，而且加入Google+有其意義在，因為Google附加的多種服務項目重要性不可小覷，尤其是所提供的諸多聰明連結更具吸引力。

你可以發布有益於個人品牌形象建立的內容，例如：

● 你對公司裡移民融合現象非常支持，同時也是投入促進移民融合的人。
● 你在週末與其他住戶一起整修社區兒童遊戲場的照片。
● 政治人物在座談討論會中清楚表態支持給予自首的逃稅者免除刑罰的談話之連結，而這樣的清楚表態是你一直所期望的。
● 你對於是否要給予自首的逃稅者免除刑罰的明確聲明。
● 你所見過最美麗的夕陽照片。

- 你與最要好女性友人的合照，五年未見的她遠從美國前來拜訪你（適量地貼幾張照片可以樹立品牌，貼太多則無益）。

- 對土耳其想要加入歐盟發表意見。

- 詢問哪裡可以買到最好的大溪地香草（Tahitian vanilla），因為廉價的波旁香草（Bourbon vanilla）當然沒有資格用在你那享有傳奇聲譽的內有香草布丁、表面則包裹著一層巧克力糖衣的圓球形糕點（Mohrenkopf）裡。

- 表達在杜拜度過不是很滿意的一個星期之後，總算又回到家中與愛犬身邊的歡欣。

你所給予的都會回到自己身上

　　通常的情況下，如果有雇主在這個平台上很活躍，那是因為他們自己就是老闆，而且從事服務業多過生產業。例如：顧問、教練、律師、治療師與家庭教師，他們具備的能力是眾多其他用戶所需求且會有多次需求的。而從事「和人相關行業」的業者在這裡有很好的機會檢驗自己的競爭力：其他的同業做些什麼？他們的市場定位如何？是什麼讓他們顯得鶴立雞群？他們有什麼樣的社會貢獻？他們的品牌核心價值有清楚顯露出來嗎？透過這個過程提供有憑有據的材料，以進一步檢視自己的品牌，將存在的問題凸顯出來，然後改善，真正取得努力來的業界領先地位，並且持續保持下去。你要問自己：我的文章、照片與影帶傳達出

什麼訊息？會過度偏向膚淺的或比較有趣的？會太過嚴肅或沉重嗎？重要的是，要讓你的個人品牌特質活躍起來，且朝討人喜歡的面向蓬勃發展。如此一來，才能成就出一個既能訴諸其他人的腦，又能訴諸他們的心的圓滿形象。

有些建議可供參考：

● 記住你在社媒上的活動雖是免費的，但永遠不要是徒勞無功的；對你不是，對其他人更不是。請擬定至少六個月的編輯計畫：我在什麼時候發布什麼東西，以何種方式、有什麼意圖、針對何人？

● 保持規律的更新頻率。再沒有比有興致時就一次發布五個PO文，有事忙時則五週都無影無蹤，更會帶來適得其反的效果了。品牌的建立得依靠持續不斷地灌溉，才能成功。

● 不要公開你的生日。這麼做就會把往常美好的滿心期待想要知道今年誰會記得這個日子的儀式貶值了，因為誠心的祝賀者與精心擬出的賀詞就會變成複製與貼上的差事而已。多麼可惜啊！

● 在你開始爭取更多的朋友與追蹤者之前，先充實好自己的頁面內容。在真實生活中，你也不會先把賓客叫至桌邊，才開始準備餐點吧！

● 不要讓任何人都可以進入你的個人網絡。毫無挑選地同意每個人的要求，並不會強化你的個人品牌，拒絕反而會提升了你的

品牌吸引力。以清楚、有充分理由而下決定的首肯為基礎，建立起你與那些在讀他們的自我介紹時，至少有感到脈搏輕微地跳快了點的人之關係。其餘的人就留給其他人吧！

● 你所給予的，都會回到自己身上（You get what you give）：你愈積極地給予評價、言之有物的留言，以及分享其他人的PO文，你的PO文獲得同等對待的可能性就愈高。

● 整合而非隔離：網絡與入口網站只有在你將個人資料互相連結的情況下，才能如你所願地發揮它們所有的效力。

■ 商務社群網絡

當有新同事加入我們公司的時候，我們會要求他在商務社群網站Xing[5]註冊。想要繼續保有他的臉書與其他社群網絡的帳號當然沒問題；至於要不要在Linkedin註冊則沒有強制規定。不過這幾年來，我們已經將擁有Xing帳號視為理所當然的事。透過它，我們的同事不僅可以增強自己的個人品牌，同時也擦亮了整個企業的招牌。我們還約定好盡量快速地答覆所有顧客的詢問，並且和在Xing上因工作關係或私人接觸而遇見的有趣人們建立起積極互動的網絡。這樣的事情已發生過好幾次了，當事人不是我，是我的同事，一開始先有人跟他接觸，彼此開始進行對話，接下來真

---

5 Xing為歐陸地區最大的專業人士社群網站，類似人力銀行，但使用者看到的不只是工作機會，還有企業的介紹與評價，讓使用者可以深入了解該公司。

的碰了面，進而成為了他的客戶。這類的網絡活動真的很有趣。正因為如此，我們很樂意去忽視廣告與騷擾郵件，反正後者在社群網絡上已經被控制在一定程度之下了。

求職目標更明確

Xing以及Linkedin是職場上很重要的入口網站；有助於建立起雇主、雇員與同事之間專業的人際網絡。憑著堅定的決心要做出一番成績，再藉助於幾個訣竅與花招即能完成一個訴諸所有感官的、引人好奇與挑起交談慾望的個人簡介頁面。對於想要轉換工作的人來說，Xing與Linkedin也特別有趣，因為它們從人才仲介與求職網站，諸如StepStone[6]、Experteer[7]、Monster[8]接收了大量的徵聘消息。

這類網站受職場人士歡迎是有道理的，在這裡找工作較為間接卻更激勵人心、也更有內容些。這裡不會劈頭就說：「哈囉，我在找工作」，而是說：「來瞧瞧看我會做什麼吧！你們又會些什麼呢？我們一起做也許會更好！」這種方式令人興致更高昂，因為人們是真的在這裡相互交流、彼此研究。此外，在自己也許陷入困境的求職視野之時，人們還可以得知原來在這個五花八門

---

6 Stepstone為歐洲在線就業網站。

7 Experteer是一個專門為美國和全球行政管理人士服務的網站。

8 Monster成立於1999年，目前為全球最大的求職網站。

的職業世界裡，還有各式各樣自己不知道的工作機會。如此一來，可以鍛練自己的嗅覺，找出你根本還沒想到，卻能夠為所選擇的新品牌列入考慮的事項。這些商務社群網絡提供了快速與不複雜與招募者聯繫的可能性。找工作在我們父母那一輩可得經過這樣的磨難：報紙小廣告、電話亭、電話簿、20芬尼（Pfennig）[9]、佔線三次、被轉接過去、想找的人五次不在、掛斷、神經崩潰⋯⋯現今則簡單多了——如果是目標明確地行動，而不是四處分散精力的話。個人品牌建立的目的即是為了這個，透過它就能讓你不受到網路上一大堆誘惑人的、卻也只是浪費時間的工作機會干擾。

展現自我品牌的好機會

拓展商機的情況同樣也是如此：先仔細考慮欲爭取的對象是什麼人、為什麼、以何種方式，就能夠心安理得地付諸行動。在這兩個網站上活動的人對於友善的、精心研究過的、清楚展現出自我能力的簡介，基本上都抱持著正面的態度。如果有人用銀托盤端來我們真的很需要的東西，畢竟可以省去不少時間與精力。相反的，其他人也希望我們：提供好的東西，激發具體的需求。如果有人將所有的東西提供給每一個人，那只會令人反感。然而，就是有很多人皆是如此，不管是在網路中或真實世界。他們既不知道要如何在市場上定位，也還沒決定好要聚焦在哪裡，而

---

9 Pfennig 德國銅幣，一馬克的百分之一。

且也沒體認到在這裡第一印象不好就沒有第二次機會了。身為一個強力品牌的你應該更清楚知道什麼內容是值得公布的，誰值得你去攀談，還有本質性的訊息要擺放在什麼位置才能強化品牌。

你可以公布有益於個人品牌形象的內容，例如：

● 你有一份汽車工業大型訂單，想徵求一位玻璃珠噴砂專家，將以計件工資制給予報酬。

● 你現在有位來自紐西蘭的實習生。

● 身為律師的你擅長解決看似毫無指望的網路詐騙案件。

● 詢問是否有人有兩張搶手的《唐懷瑟》（Tannhäuser）歌劇門票，因為你今年將歡慶二十五週年銀婚紀念日。

● 對於運輸業的最低工資，你有很明確的意見。

● 在你的專業領域：提供地方企業污染物排放控制技術的銷售顧問，現有多餘能力承接新的委託（附上推薦信）。

● 你的女兒想找一個在巴黎擔任外語教師的工作。

● 你在柏林成立了一個新辦公室，還有相關的計畫。

在商務相關的社群網絡註冊已經是個必要條件。大型商務社群網站Linkedin在德國雖然還不是那麼知名與流行，但在幾年內，它就會超越、甚至併吞小型的Xing（除了德國之外，Xing在奧地利與瑞士也具有強勢地位）。在這個殘酷的全球化時代，這是難以避免的。因此，同時在Linkedin註冊也是好的。若你對建立國際

化網絡特別有興趣，也常常出國，才需要用英文登錄資料；否則的話，用自己習慣的文字即可。註完冊後，你的每一則PO文就都可以在兩邊使用。

照片要能吸睛、贏得好感

　　網頁的照片是給人的第一印象，非常重要，在現實世界中還可以藉由表情與手勢、聲音與言語塑造給人的第一印象，但在網路世界卻無法這麼做。清楚意識到這方面欠缺的人，可藉由最美與最好的照片彌補這項缺陷，以迅速博得對方的好感。但這種效果只有由專業攝影師所拍攝、且真正具有個人風格的照片才有作用。大部分網路上的照片看起來都像是年輕男子（以及年輕女子）在遊樂園裡搭乘幽靈列車的照片。原因在於一張派對快拍照，比經過事先考慮要傳達什麼以及誰能拍得最好，更能快速妥當構圖與聚焦。每個人都該做自己最擅長的事，因此如果本身不是專業攝影師，最好就不要輕易嘗試，否則保證搞砸，就好比不是麵包師傅卻烤麵包、不是裁縫卻縫製西裝一樣。如果覺得請專業攝影師拍攝的照片很昂貴，那麼更應該仔細核算一年花了多少錢上餐館點煎肉排和啤酒，以及可能為了拍幾張好照片而放棄上餐館，乾脆在家裡弄一塊抹上茅屋起司的麵包與一杯接骨木花檸檬水，把錢省下來。照片是對未來的一項好投資，煎肉排與啤酒則是壞的投資。

　　若是管理顧問的照片就應該審慎穩重些（但未必一定得穿白襯衫）；藝人的照片則可生動活潑些，擺出招牌手勢以及他最喜愛的小道具──紅鼻子、手風琴、繫著羽毛長圍巾的帽子合照會有加分的作用。「錨」就在這上面：「啊，這不就是那位戴著……的人，我不記得他的名字，但我知道他！」只選取真正能夠呈現你的照片，就像周遭某個使你感興趣、吸引你，促使你馬上寫幾個字給他的照片一樣。將你的品牌特質提供給攝影師參考，並且和他一起討論拍張黑白照，在這個繽紛得刺眼的世界裡也許反倒會顯眼些。

以說故事方式撰寫個人資料

　　至於個人簡介頁面的填寫，請明確凸顯你與眾不同的特點，並且說明自己的社會貢獻、承諾。這兩點都要表達得讓人可以理解，甚至最好用別人都不會說的方式呈現，在這裡誇大其辭是被允許的！例如：有位電信局的施工負責人在職業欄裡不直接註明「施工負責人」，而是寫著：「讓最好的聯繫成為可能的人」。這兩個敘述哪一個令他更活靈活現？哪一個不只是提供資料，甚至還述說了一個漂亮的故事？當人們讀到它的時候，就會在心中出現一個形象：這個人勞力費心地讓人們能夠彼此溝通、說話、談心。對於這樣的人，我們當然樂意跟他有更多接觸──勝過對一位施工負責人。

沒有人規定個人簡介頁面只能由標明年份的數字與名片的職務名稱所組成，這種簡介實在乏味。取而代之的是寫故事，令人讀來興致盎然。即使是在網路上，同樣也要說得呱呱叫。不過音調的高低起伏、威脅或親切、大聲與小聲的語氣可先捨去。還有手腳並用的加強手勢與動作同樣也不需要，所有這些可以等到真實世界碰面時再派上用場。個人資料除了應填的項目之外，也有不少可自由發揮的空間，可以真正讓別人清晰地感受到你是怎麼樣的人。好的照片也同樣在此秀出來，你的周邊環境，你與同事及工作上的朋友一起的照片，甚至是演講時或是在機場的照片。還有：你在這裡不僅是職人的湯瑪斯（Thomas），也始終是私人的湯瑪斯。你與家人、馬特洪峰（Matterhorn），以及鄰居小孩，那些你替他們修理過溜滑梯的小孩們一起拍的照片，讓你的整體形象完整而圓滿。如果你已經四十五歲左右了，履歷就不用從高中畢業開始寫，也不要鉅細靡遺地把每項學習活動與臨時性的打工都列進來。

無聊vs.生動

　　有位受過專業訓練的女記者在她Xing的個人簡介頁面上鄭重其事地說，她具有「平面媒體和網路領域以及公共事務的新聞採訪寫作經驗，熱誠、創新、具國外經驗」（多麼無聊啊），尋找「有趣的題材與人物、名人」（多麼有替換性的字眼啊！此外：

為何要找名人呢）。在下面她列出受挫的四個編輯實習的經驗，也就是說許多待遇差的工作，接下來還有十個受挫的實習，也就是說更多待遇更差的工作，沒有一個正式職務。這並不糟糕，但這樣介紹自己的她也得不到一個正式的固定職務，因為誰會對這樣的人感興趣呢？沒錯吧！

你要做得更好，成為大家競相爭取的對象。為此，你最好只從這些社群網絡裡上千的社團、圈子與論壇中挑選出兩個或三個，你會每週一次在上面PO些真正有內容的東西。你的社群媒體編輯規畫表就是為此而排定的。

我在自己的Xing個人簡介頁面上清楚寫著我對「尋找」的看法：「我不尋找。我遇見人，那些察覺到可辨識出品牌的人們，以及他們能辨識出的那個點上。」而我的女同事安娜（Anna）則寫上一則海因里希·阿爾溫·慕希邁耶（Heinrich Alwin Münchmeyer）《我遇見人》的語錄，這位德國漢堡企業家與銀行家雖然早已作古了，睿智的談話卻仍歷久彌新：「如果一名年輕男子認識了一位女孩，並且告訴她自己是一個怎樣的棒小子，這是廣告。如果她選擇了他，是因為從別人那裡聽說他是一位好小子，那就是公關（Public Relations）了。」這段話好像在向我們眨眼示意，安娜所關注的事情是：與人的交流溝通。由她所採取的幽默表達方式，人們可以推斷出她大概是怎麼樣的人，並會想像品牌、行銷與溝通的世界帶給她很大的樂趣。這樣的人給人的第

一印象是生動的。你一樣也可以辦得到，以你的方式。

　　附帶一提：推特（Twitter）在這個地方不適合用。你就忘了它吧！

■照片與影音平台

　　當然，一張照片能表達的勝過千言萬語，而一部影片能表達的則勝過兩倍千言萬語。因此，社交分享是社群媒體良性的補充。指的是分享所上傳的照片、影片，也有文章，但著重於視覺表現的。Flickr讓人上傳照片，YouTube、Vimeo，與Clipfish則供人上傳影片；還有網路電子布告欄Pinterest與部落格服務Tumblr，後者更堪稱是百花齊放（英語「to tumble」的意思是「把某物攪和在一起」）。當然還有更多的、數也數不清的平台，但這些都已經是箇中翹楚，你就安心地把目標集中在它們身上。首先，玩笑是被允許的；其次，要能對你的個人品牌有益。多彩多姿當然是好的，但也要總是言之有物。此外，你也要注意，不要發布什麼不敬的內容，會讓別人用來攻擊你或是日後在養老院被人大肆宣揚，這道理自是不言而喻。

好影片形象大加分

　　著重視覺的PO文可帶來的優點顯而易見，就好比購物一樣：人們所看到的是以所有的感官知覺來接收，而「慾看」就會變成

慾望，我還想看得更多！這種情況我們也很熟悉，當我們週六上午在城中採買時見到的一個沙發，它突然不再是沙發，而是變成這個星球上我們最渴望占有的物件。所以廣告也喜歡使用圖像來表達。而我們為行銷自己所做的一切努力，總也與宣傳脫不了關係，因此更應當多加善用圖片。如此一來，這樣的事情就特別容易發生：成為某個人心目中這個星球上最想爭取到的人，向你提供樂意畢生從事的工作或者酒吧裡的一杯咖啡，藉由它讓你的情感生活有了轉變。

特別令人印象深刻與成功的影片，是那些先是讓人感到步調輕盈、情感豐富、幽默風趣的影片，事後卻現出了原形，原來竟是所謂的病毒式行銷——網路廣告。其最高藝術是能讓用戶喜歡它，主動廣為散布，這個公司與產品也一併被廣為宣傳。這裡面有整個行業在運作著，在此提一個很好的例子，一個婚禮錄影帶的：在影片上我們看到吉兒（Jill）與凱文（Kevin）這對新人不僅不因循傳統的浪漫情調步入教堂，還與幾位特別的婚禮賓客一起快樂地舞向聖壇，點閱次數破數千萬！事後被揭穿了這其實是一支很棒的廣告，成功地佯裝成出自業餘攝影師之手，事實上是為克里斯小子（Chris Brown）的歌曲「永恆」（Forever）所拍攝的MV。結果這支單曲狂銷，高居iTune排行榜第四名與亞馬遜（Amazon）排行榜第三名。而這整個佳績完全不需要發片的索尼音樂公司（Sony Music）費什麼功夫就達成的。

逗趣與情感亦會是你影片的絕佳品味載體，夾帶聰明的置入式行銷廣告也無妨——只要幽默不是建立在他人的痛苦上。製作影片時，切記要精簡表達，因為入口網站的計算方法，搜尋結果的排序是由點閱次數來決定——而片長的影片點閱次數比短的少。你想傳達的訊息與連帶著個人品牌，特別是突出的特點與社會貢獻方面，要以簡短、扼要、爽快的方式說出重點，如此一來，你的個人品牌才算真正裝備齊全。

實例：三個人和他們的個人品牌Ⅱ

雅思敏・左恩

雅思敏・左恩——熱愛大自然和人類的人。對自己和他人常常有無法達到的高要求。

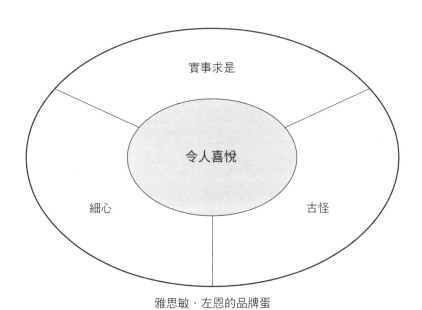

雅思敏・左恩的品牌蛋

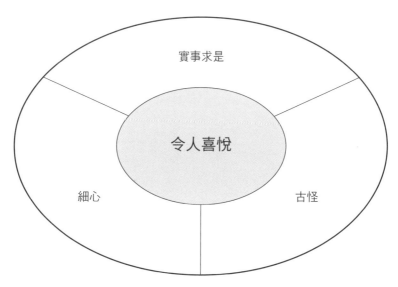

實事求是

令人喜悅

細心

古怪

還有十公尺到達頂峰

在厄爾巴島近海
進行遠洋帆船航行

小香腸搭配洋芋沙拉

掛著雅思敏．左恩圖像世界和想像世界的品牌牆

品牌蛋

雅思敏・左恩的品牌核心和隨之而來的終極社會貢獻是：「令人喜悅」。

「我想要以我做的所有事情感動周遭的人，讓他們在見過我和想到我時，有一絲微笑浮現臉上。要達到這個目標的前提是，我也要讓自己感到喜悅，除此之外，也讓人可以感覺到我對什麼都充滿了熱情。」

實現品牌核心的要素／我的品牌價值是：

- **實事求是**：我準備面對身為一個掌控自己生命的自主女性在工作和私人生活裡可能出現的挑戰。我要堅定立場，並且說出自己的想法和我要什麼。我行事清楚、不模稜兩可。
- **細心**：我不只考慮到周遭環境、周圍的人和大自然，尤其是還考慮到自己和我的需要。只有我自己過得好，臉上帶著一絲微笑，才能令人感到喜悅。
- **古怪**：我知道自己又執拗又古怪。我接受這樣的自己，並且培養這個與眾不同的特質。這使得可以欣賞這個特質的人感受到我；對他們來說，我是個如此值得體驗、值得愛的人。

特點 我給予別人自己期待的東西。我期待從挑選出來的人身上得到支持、指引和真正的友誼。在專業領域上，我掌握先進

技術；在人際關係上，我很強硬，但很真誠。為了得到自己所期待的東西，我不再說「其實」、「可能」和「也許」。我說我想的，我做我說的。

社會貢獻 我值得人們費心體驗我的核心，也值得人們和我進行一場好的爭論。我以明確、讓人容易接受的方式說實話。我維護健康——我自己的健康、我的病人和環境的健康。和我打交道的人，都能得到情感增值。

品牌主張 我拿取自己需要的東西。這樣我可以表明我是個什麼樣的人，並且給予我可以給予的東西。

圖像世界

雅思敏·左恩的圖像世界具有力量、純淨，以及熱愛大自然的特徵。以下是她的選擇和非常個人的詮釋：

● **壽司**：有時候我喜歡異國風味。如果我做一件不同的事，少量即可，不過卻可以給所有的感官帶來高品質的體驗；一如「壽司」的分量很少，但品質很好。我騎摩托車上山，在繞過轉彎處，膝蓋觸碰到柏油路面時，也有同樣的體驗。

● **水滴**：我喜歡的是明確、直率、毫不矯飾、開門見山。我從大

自然的力量中汲取給自己的力量。我的願望是如此地自然、微小，完全和大自然的小奇蹟一般樸實。對我來說，大自然的小奇蹟因為樸實而偉大。

- **仙人掌**：我會扎人。人們第一次接觸我時不相信我會扎人，後來就相信了。當我扎人時，人們會察覺到，之後可能會感到疼痛，在極端的情況下，一小滴血會從手指頭上流下來。就是要這樣！

- **火焰**：我喜歡溫暖，也散播熱情。我的熱情就像火光般閃爍、霹啪作響。人們喜歡我在他們身邊。然而人們應該要有能力駕馭我的熱情，要不然它就會太過熾熱了。

- ***洶湧的波濤***：我很強硬，知道自己要什麼。我讓想要的東西成真。在我讓想要的東西成真的同時，可能也會發出很大的爆裂聲響，讓人留下一個難以磨滅的印象。「不堅決的態度」和「軟弱無力的波浪」不存在我的字典裡。

想像世界

雅思敏·左恩的想像世界：

- **還有十公尺到達頂峰**：我的眼前有明確的目標。我在還沒達到目標之前，絕不放棄。除非濃霧升起，滯留不去，我才會考慮放棄。不過到時我一定有能力調整目標。

- **在厄爾巴島近海進行遠洋帆船航行**：我喜歡踏進未知的地帶，參與那裡發生的事情。事情也可以是讓人感到很不舒服的。但那又怎麼樣呢？我也將迎面痛擊！
- **小香腸搭配洋芋沙拉**：我人很簡單，但頭腦並不簡單。我熱愛鄉土和大自然，但不侷限在一土一地。我知道「較少即是較多」。

宣傳廣告 我是雅思敏·左恩，是個對醫療工作充滿熱情的醫生，也是個熱愛大自然的人。不管我做什麼，都極有意識地全心投入去做。如果你對我敞開心房，我將很樂意對你展開我的世界。你將會感到驚訝，你將會受到感動。

個人發展計畫（節錄）

短期計畫（從即日起至六個月）：

- 我先不做出決定。首先我只是好好地把開始做但還沒有做完的事情做完。
- 我踏上預定夏天出發的泰國之旅。
- 到達泰國之後，我給自己三個星期的時間沉潛下來。
- 這三個星期過後，再來決定是否要男友依照計畫前來泰國與我會合。之後，我，或者是我倆——無論如何是以平和、有遠見的態度——一起釐清與「關係」、「小孩」、「工作前景」和「居家

環境」有關的問題，並且精明地制定出我們各階段的目標。然後將討論的結果寫下來。我們將在泰國對這些問題做出決定。

中期計畫（在六個月之後至兩年之間）：

- 回國後的四個星期之內，我將與三個診所位在美麗鄉下的醫生朋友們取得聯繫。目的是具體弄清楚設立聯合診所的可能性。如果我決定把寶寶生下來的話，加入聯合診所將使我有足夠的時間照顧寶寶。此外，我無論如何要在一個鄰近大自然的診所裡行醫。
- 慶祝我的成功（新工作、新家，成功地結束心理治療等等）。然後我騎一整天的摩托車上山，回來之後為自己喝一杯酒。
- 確定我的想法和行動：每當我發現自己說出「也許」、「或許」或「可能」的時候，就把五歐元塞進我的「不具體行動」撲滿裡。一年之後，我用這筆錢去度假。到時就知道我的假期是儉樸還是奢侈了。

長期計畫（兩年後至五年之間）：

- 無論如何我都要留在鄉下。因此我的人生伴侶必須按照我的計畫行事。
- 五年後，我將至少有一個孩子。
- 到那時候，我將買一棟老房子，並且為我自己和家人改建它。

- 二年後，我一個星期將至多工作三十個小時，這樣我才有足夠的時間做對我而言重要的事情。

- 我的愛好是親近大自然和騎摩托車。就是這樣，沒有其他的了。

- 我滿懷熱情地說我是「歐西[10]（Ossi）」。

佩爾·梅爾藤斯博士

　　佩爾·梅爾藤斯博士——成就非凡的工作狂、興趣廣泛、不再需要工作了，已經不知道什麼是「適量」了。

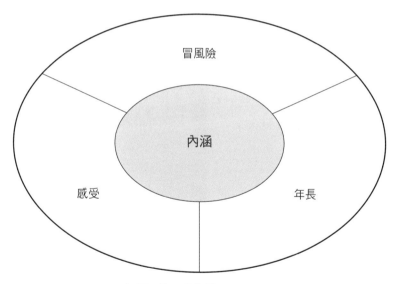

佩爾·梅爾藤斯博士的品牌蛋

---

10 譯註：兩德統一後，愈來愈多的東德人認為自己不是「德國人」，而是「德東人」，又叫做「歐西」；而西德人則被稱為「威西」（Wessi）。

品牌蛋

梅爾藤斯博士的品牌核心是：「內涵」。

「我不再只是為了要做什麼就做什麼。我的思考和行動最好是投注在符合我對價值和規範的想像事物上面；也就是說，投注在有意義和內容的事物上面。作為一個開明且歡迎新事物的社會熱心成員，我如此要求自己。我周圍的人也和我一起體驗這樣的思考模式和行動方式，他們必須學習接受我如此行事。」

我的品牌價值是：

● **冒風險**：我繼續不顧一切地去做對我而言重要的事。除了我的工作之外，自己本身，以及家庭，對我來說日益重要。我給我的家庭全部，其他事情必須退居次要地位。

● **感受**：我的心和感覺愈來愈重要。它們知道我需要什麼、我可以何種方式為世界做出貢獻，同時從中得到益處。頭腦／理智，明顯地較為不重要，居於次要地位。

● **年長**：在我這一個人生階段，我不再需要只是為了參與，不再需要因為害怕錯過什麼，而一起做每一件蠢事了。如果是真正重要的事，想請我給予建議的人一定找得到我，我不需要扭曲自己的本性。

特點 我是網羅高階管理人才的資深獵人頭顧問。作為高階

杜拜的帆船飯店

夏季在橡樹下聽雨

星期六，23點：
書、茶、長沙發椅

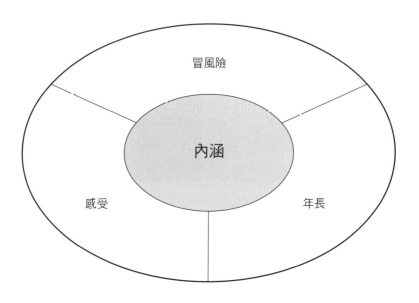

掛著佩爾‧梅爾藤斯博士圖像世界和想像世界的品牌牆

信託業務顧問，我非常感謝客戶的信賴。透過獨立、內行、非教條的建議，我讓客戶改變他們的看法和行為。我是個能夠鼓舞他人的人。

社會貢獻 因為我的建議而使得領導階層揚棄抗拒改變的心態，進而改變看法及行為。有了清楚認知的他們，才能使企業走向更持久性的成功，也能夠過更圓滿的生活。

品牌主張 我是「網羅高級人才」一行的改革者。

圖像世界

梅爾藤斯博士的圖像世界具有釋放、允許自己做某些事和得到內心平靜的特徵：

● **骰子**：直到現在，我還是喜歡把很多的籌碼投注在很少的牌上。然而，現在由我決定要參與生命裡的哪一些遊戲。在遊戲規則方面，我也有發言權。昨日的遊戲就留給昨日吧！
● **遊樂場**：我拋開束縛，盡情歡樂，尤其是在讓我柔軟的一面顯露出來和放聲大笑，甚至高興得歡呼起來的地方。我愈來愈不理會形式和成規。
● **麵包**：我知道我屬於何處。我代表毫不矯飾、誠實和直率。我的

世界因為我以非常多的耐心和全神貫注做出的鬆脆麵包皮而得到非常獨特的色彩，值得喜愛我的品牌的人來我的世界一訪。

- **腳踏車騎士**：我代表領先。但是只有在我想要領先的情況下才是這樣，前方還是有位置留給他人。之後我們一起吆喝，鼓舞更多的人跟我們一起行動。

- **路標**：我還有更多的計畫。我的人生路標指出我想從事的事情。在此是指我挑選出來的目標。這些目標全都一樣好，每一個都不一樣。首先著手的是可以和家人一起追求的目標。

想像世界

梅爾藤斯博士的想像世界：

- **杜拜的帆船飯店**：我仍然是激流中的一塊雄偉岩石。我可以提供世界上沒有第二個人可以給予的東西。我珍惜這個東西。

- **夏季在橡樹下聽雨**：我很高興我是人，可以享受生命。我浮想聯翩，心緒和思緒同遊，我感到很舒服。

- **星期六，23點：書、茶、長沙發椅**：我很高興可以做自己想做的事。以前我常常被外力驅使去做一些事。今日我是自己的原動力，並且，我走向我認為不錯的人群之中。我決定誰是「那些人」。

宣傳廣告 我是梅爾藤斯博士，一個主導事情的人。透過卓越的「網羅高階管理人才」的主題和行動，我使企業獲致傑出的業務成果，因此我也被視為第一流的市場領導者。歡迎您來驗證！

個人發展計畫（節錄）

短期計畫（從即日起至六個月）：

- 從今天開始，我不再在週末工作。
- 我把所有的精力投注在自己的計畫，以及和我的伙伴創立公司的事務上。
- 我在下一個月底前跟我的太太說，我對接下來五年的工作有什麼樣的期許。我們專心、詳細地討論我的計畫、她的計畫，以及我們對彼此關係的要求，直到她可以放心地說「好」為止，而且我沒有預留任何轉圜的餘地。
- 我把我的目標，以及和自己的協定寫下來。

中期計畫（在六個月之後至兩年之間）：

- 一年後，我一個星期最多工作四天，其中二天在家工作。在這些天裡，我要工作多長時間就工作多長時間。
- 在下個冬天結束之前，我已買了越野滑雪用的滑雪板，也上了兩次在週末舉行的初學者課程。我自己去參加課程，只為了我自己。

長期計畫（兩年後至五年之間）：

- 五年之後，我將把剛剛建立的公司百分之百地移交給較年輕的伙伴們。

- 將一個星期最多工作三天。如果想要的話，我可以日夜工作。

- 我將總是關閉手機的電子郵件功能。

- 我和太太將每年至少二個月在義大利度過。我不再需要其他的旅遊目的地了，要發現新事物，義大利已經夠大了。

  說明 應梅爾藤斯博士的特別要求，我們讓他的品牌特質明顯地聚焦在工作上，尤其是聚焦在他的特點和社會貢獻上。我建議你在研發自己的個人品牌時，給你的私人生活更寬廣的空間。除此之外，稍微自由地詮釋梅爾藤斯博士的品牌，我們絕對也能清楚看到給他的私人生活的「護欄」。特別是在一些措辭，例如他的顧問功能、引起行為的改變、鼓舞人，以及讓別人改變想法，獲致更圓滿的人生方面，我們可以更清楚地看到這一類的「護欄」。

碧姬‧飛格特

　　碧姬‧飛格特——是個成功的、有野心的夢想家。全心投入於外在事務，完全忘記了自己。目前的她正等待上司對她的工作做出進一步的裁示。

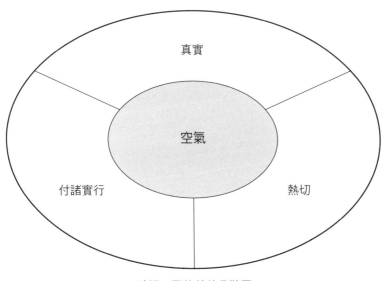

碧姬‧飛格特的品牌蛋

品牌蛋

　　碧姬‧飛格特的品牌核心是：「空氣」。

　　「我給予空間與這人世間最基本的東西。我所在之處，人們可以自由地呼吸、舒一口氣、增添力量。當人們排除所有消耗能

量的東西，跟隨我的指引，就能盡情呼吸、回復氣力。我引領他們去一個充滿了新鮮空氣，讓人感到身心舒暢的地方。」

我的品牌價值是：

- **真實**：我一直都很真實，也將一直保持這個樣子。我的字典裡沒有「欺瞞」和「說大話」這兩個詞。我只有在必須說什麼話時才會站起身來。我只說有建設性的話。

- **付諸實行**：我不和吹牛大王交往。因此，我周圍的人可以預期，當我已經開始著手實現某件事情的時候，才會宣布我在做什麼。

- **熱切**：如果彼此合得來的話，人們會喜歡和我交往。「合得來」是指我們有共同的交集點，人們從我身上感受到的，和我從他們身上感受到的是一樣的。我們給予彼此空間，且隨著時間，我們之間的關係會愈來愈熱切。

特點 我是個排除障礙的人，在國際企業已有十年在內部工作和外部工作的第一手經驗。我持續不斷地在理性／硬層面和感性／軟層面加深這方面的專業能力。由於我有這樣的基礎，人們都很信任我──他們和我一起剷除遇到的障礙，走在寬廣的大道上。我研發出來的模型通過考驗、受到肯定，我的方法就像我的人一樣──具有多樣的面貌。

社會貢獻 我果斷有力地為人們解決問題，讓他們與陳舊的事物一刀兩斷。透過我的協助，他們知道必須做什麼，才能實現他們內心真正覺得重要的事情。

品牌主張 誰有偉大的計畫、偉大的目標，誰就需要一個傑出的助手在他身旁。

奧利佛・卡恩

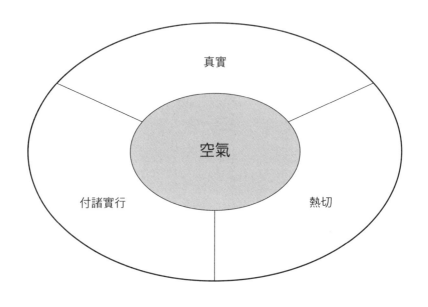

真實

空氣

付諸實行

熱切

| 適合騎摩托車的天氣 | 6種穀粒特製而成的麵包，加上豆腐醬 |

掛著碧姬・飛格特圖像世界和想像世界的品牌牆

圖像世界

碧姬・飛格特的圖像世界具有「共同」、「感受性」和「自我空間」的特徵：

- **海灘**：我有意識地將豐富自己生命的東西吸入體內。我在感到自由的地方，會像海綿一樣地吸收能量。我只需要自己，不需要他人，不需要任何東西。我像大自然一樣地自然。

- **拼圖**：我讓圖像完整。我不會給予太多東西，但給的常常正好是獲得好成果還欠缺的那個東西，它比只是「正確」還要具有說服力。因此人們很喜歡看到我。

- **獎章**：我追求最高成就和完美；更確切地說，我追求我定義的最高成就和完美。因此我和對我有所要求，以及讓我更進步的人交往。同樣地，他們也可以期待我要求他們、讓他們更進步。我們一起努力獲得前面的名次。

- **檔案櫃**：我知道生命裡重要的是什麼、什麼東西在哪裡是合適的、我首先要做什麼。這個結構組織對我來說很重要，有了它，我才不會為了許多小事分散精力。在我開始思考和行動之前，我將這個結構組織想過一遍。

- **Cabrio跑車**：我享受生命。我不是太嚴肅地看待生命，也可以直接動身出發，不用事先知道旅程究竟要通往何處。在這一路上，我發現很多可以豐富生命的東西。我從旅途中得到的益

處，也可回頭運用在日常生活上。

想像世界

碧姬・飛格特的想像世界：

- **奧利佛・卡恩**：我和他一樣地轉變自己——從一位無情的職場專業人士，雖然真的很棒，但也經常讓人覺得不舒服、甚至被嘲笑，變成一位有責任心、外柔內剛，足以作為他人模範的先行者。
- **適合騎摩托車的天氣**：我享受美好的事物、充分利用美好的事物，以從中得到很多好處。當我有了能量，感受到喜悅的時候，我也很樂意分享我的能量和喜悅。
- **6種穀粒特製而成的麵包，加上豆腐醬**：我知道自己來自何處，不去否認我的根源。這個根源確保了我的個人身分，當我有天飛得太高的時候，能把我重新拉回來。

宣傳廣告 我是碧姬・飛格特。我有超過十年的時間過著節制收斂的生活，證明了我可以承受很多事情、實現大目標。現在我和其他人一起擬定他們的目標，告訴他們如何達到目標，但不用過節制收斂的生活。您想要實現什麼呢？

個人發展計畫（節錄）

短期計畫（從即日起至六個月）：

● 我下個月將和上司進行第一次談話，我想和他商量一個星期可以只工作四天。直到這個願望成真之前，我想要一個星期中有一天在家工作。

● 在接下來的三個月，我要去了解三個進修成為系統顧問和教練的可能性。此外，我也要和提供我進修可能性的人詳談。

● 從今天開始，我在出差的途中安排一個月一晚或是半天和好友在接下來的那個週末見面。我最晚在星期二前安排好這件事。

● 從今天開始，我一個星期至少去兩次健身房。

中期計畫（在六個月之後至兩年之間）：

● 一年後，我開始進修成為訓練者和教練。我若是不能邊工作邊進修，就在休假時進修。

● 我將在明年底辭掉現在的工作。

● 一年後，我在主要居住的地區有一個最喜歡的酒館。我一踏進酒館，人們會直接叫我的名字向我問候。

長期計畫（兩年後至五年之間）：

● 二年後，我成為全職的訓練者和教練。

- 從那時起，我週末不工作。我若是在週末的其中一天工作，週間就放一天假，以作為補償。

- 我將不會有辦公室和職員。

- 我留意接手的工作中，至少有50%的工作是在居住地附近的計畫。也就是說，早上我會在我的床上起床，晚上在我的床入睡。

- 五年後，我有一個生活伴侶和一個孩子。為了讓這個願望成真，辭職後我將參加兩次單身貴族帆船航行、加入一個運動社團，並且一個月回覆一次徵友廣告。

結語
放手去做吧！

現在，你已經擁有非常個人的強力品牌了。也弄清楚許多事情，想法帶領你做出第一階段的改變。十個個人品牌成功策略激勵你一步步地強化自己的品牌，使你的品牌獨具風格。很快地，你就不只是那個存在你的想法中，清楚知道自己代表什麼的那個人。你對我們大家來說，將是那個我們清楚知道他是誰、是個怎麼樣的人、代表了什麼的人。你傳遞出這樣的訊息，讓我們清楚感覺到你的存在，無時無刻，不論在何處。你證實了我最喜歡的一句話：「一眼就能認出品牌。」你成功了。

　　「生命中應該有比『擁有一切』還要多的東西。」這是我非常欣賞的書《生命不只是這樣》的副標題，我覺得它和其背後所要傳達的訊息，對我們的主題來說很有代表性。本書裡備受呵護的狗珍妮所做的——離開家去尋找「更多」，也適用在我們人的身上：我們也離開，只是想要離開，或是真的採取行動離開。離開工作、離開伴侶、搬離城市、離開這種型態的生活，進入另一種型態的生活。不顧一切的，或是猶疑不決的；革命式的，或是漸進式的。有時候我們重返原點。有時候我們先不要離開。

　　確實存在足夠的理由讓你走上自己的道路，那條與你真正的本質和真正的原動力相符的道路。我們看到了很多例子，你一定也有自己的例子。我深信，你已經找到「生命」、「更多」和「一切」對你而言意味著什麼。對你來說，留下來比較好，或是離開的時間已經到了。「留下來」對你有什麼樣的意義，「離

開」對你又有什麼樣的意義。放手去做吧！著手行動吧！祝福擁有品牌的你有個好的開始，永遠滿足、成功、非常地幸福。

歡迎來到你選擇的人生！

如果某天我們相遇的話，我將會很高興。屆時，我將用所有的感官來體驗你的品牌，你將用你所有的感官來體驗我的品牌。我們的品牌像義式濃縮咖啡一樣濃縮嗎？它讓我們對彼此留下一個深刻的印象嗎？它讓人獨一無二，使人想要更強烈地認識體會站在眼前的人嗎？我們想必會有這樣的體驗。

演講、工作坊、專業教練

如果你想要現場認識體會永・克利斯托夫・班特®和個人品牌術，並持續與其互動交流，請上www.jonchristophberndt.com網站查詢更進一步的資料。

謝辭

感謝我的父母親，他們欣賞我做的事、支持我做的事、給我做的事提供建設性的批評、陪伴我走過這條或那條冤枉路。沒有他們，理所當然就沒有個人品牌術。

我感謝我的同事，珮特拉・伯克博士（Dr. Petra Bock），她領先我寫了幾本書，由於她的引導，讓我不再那麼懼怕下筆寫我的第一本書。衷心感謝我的朋友齊格飛・布洛克德（Siegfried Brockert）和菲里克斯・維格勒（Felix Wegeler），以及我在brandamazing的同事飛利浦・歐爾（Philipp Schaer）這一路走來給我的批評意見。我也特別感謝科澤出版社的計畫負責人妲格瑪・歐爾左格（Dagmar Olzog），她在參加了個人品牌術研習課程後馬上對我說：「我們必須製作這本書！」

此外，我也感謝學識豐富、能體恤別人的編輯格哈特・普拉西塔（Gerhard Plachta）。我感謝我的益友、良師和同事莎賓娜・阿斯勾多姆。她在五年前鼓勵我多和人們一起共事。如今，我這樣做了。並且她認為，我應該寫一本關於我如何成為我的書。親愛的莎賓娜，這本書就是了。

附錄

創造個人品牌的最佳學習單

2 號學習單　品牌三角形

社會貢獻
是絕對值得追求的

↑
作出

我

↙有

打破↘

特點
馬上一目瞭然

競爭對手
由競爭者預先制定的規範

3號學習單 給失敗者的十個個人品牌術準則

1. 你和別人沒有什麼不同！
2. 對你達到的成就感到滿意！
3. 人云亦云！
4. 只和認識的人來往！
5. 熱衷於每一種趨勢！
6. 總是單獨去吃午飯！
7. 沒有回報，不協助任何人！
8. 拿自己與最弱的對手相比較！
9. 盲信與投注過多的希望！
10. 忘記所有人的生日！

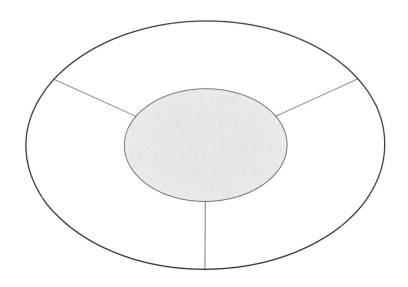

5號學習單　符號測量法

愛　溫柔　柔順的　共同　夢想　感性的　安慰

保護　喜悅　體貼　幽默感　團體　靈魂　生活藝術家　寶貴的　讚賞　女性的

童年　家庭　母愛的　好感　友誼　理智

信念　忠實　誠實的　熱心的　公平　高貴的　確信　機靈的　魔法　男性的

神聖的　純潔　信賴　禮貌　戲劇　輕而易舉　想像力　情緒　有興趣的

有才能的　仁慈的　謙虛　藝術　優雅　渴望　流行　遊戲　電流

節省　聲望　傳統　堅定　勇氣　文藝愛好者　榮譽　冒險　動力

法則　謙卑　紀律　金錢　財富　小心　耐心　實際的　舒適

規定　道德　節制　權力　完美　有膽量的　享受　獨立自主的　不一樣的

具體的　聽從　權威　英雄　創立者　主使者　邏輯　結實的　菁英　精確　山

征服　有約束力的　研究　工作　勝利　思索　物質的　尊重　授課　無秩序

距離　貿易　支配的　製造　實驗　聰明　問題　雷雨　風暴　風　頂峰

界限　實踐　科學研究　激勵　旅行　結　秘密　速度　火　激烈的

掌握　處罰　懷疑　不動的　頑固　追求　任性的　挑戰　混亂的　危險

禁止　空虛　果斷的　一成不變的　迷宮　諷刺　特別的　堅持的　改變　走鋼索節目

命令　詛咒　批評　意志　不可估量的　詭計　恐懼　神祕　攻擊　合成整體的

不信任　努力　享樂主義　土生土長的　個人的　使兩極分化　容易接受新事物的　分析的

6號學習單 組件和漣漪

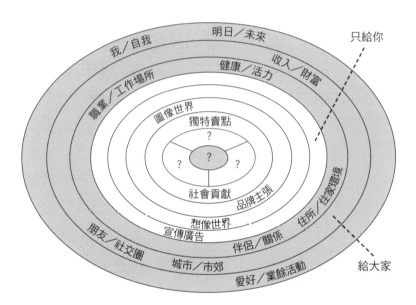

322

你工作時最主要的原動力是？

請在每一行刪除一個詞，然後在每一個新組合成的詞組裡再刪除一個詞，以此逐漸刪詞，直到剩下你最主要的原動力。

名聲	挑戰
樂趣	獨立
金錢	雄心
讚賞	奉獻
自由	榮譽
同事之誼	冒險
權力	夢想
意義	地位
愉悅	使命
影響力	正義
熱情	成功
重要性	未來

8 號學習單 我的強項

你最厲害的強項是哪些？

以你目前的狀況為基準,寫下是什麼讓你成為一個很特別的人,你什麼事情可以做得特別好。避免寫些陳詞濫調,而是要盡可能具體地寫出你的強項。

最後將你三個最重要的強項標示出來。

1. _____
2. _____
3. _____
4. _____
5. _____
6. _____
7. _____
8. _____
9. _____
10. _____

9 號學習單　我的競爭對手

以你目前的狀況為基準，寫下你在職場上的五個主要競爭對手，在公司裡的和在你的部門裡的都是。如果你是自由工作者，則寫下在你的工作環境中遇到的五個主要對手。「我有什麼具體貼切的理由來說明他們真的是對手？」你也如此檢視在你的私人生活裡，舉凡家人和親戚、朋友和熟人、社團和黨派中，所遇到的對手。「和我比起來，是什麼讓他們顯得不同，是什麼讓他們顯得更聰明、更好？」

我在職場上的競爭對手：

_____

_____

_____

_____

_____

我在私人生活裡的競爭對手：

_____

_____

_____

_____

_____

10 號學習單　我的模範

在此請以你目前的狀況為基準，寫下你在職場上的五個主要的模範。「我有什麼具體貼切的理由來說明他們真的是模範？」也以同樣的方式來檢視你的私人生活裡的模範。在此很重要的一點是你想要用自己個人品牌超越的標桿。「和我比起來，是什麼讓他們顯得不同，是什麼讓他們顯得更聰明、更好？」

我在職場上的模範：

_____

_____

_____

_____

我在私人生活裡的模範：

_____

_____

_____

_____

我的特點

請寫下是什麼使你兩年後真的成為一個非常特別的人。寫得愈簡短愈好！你寫時字體可以大一點，還有，不要作弊，請老實地寫。（你只有這張紙列出來的空間可寫。）

---

12 號學習單 我的社會貢獻

請寫下兩年後世界和人類會因你的存在而得到些什麼。寫得愈簡短愈好！你寫時字體可以大一點，還有，不要作弊，請老實地寫。（你只有這張紙列出來的空間可寫。）

| 13 號學習單 | 我的品牌主張

「除了我的名字和出生、死亡年月日之外,還有什麼應該刻在我的墓碑上?」你最好是為此世此時此刻回答這個問題,這關係到你兩年內就要發生的事,你還在世時就可以從這個思想內容豐富的品牌主張中得到很多的好處。寫得愈簡短愈好!你寫時字體可以大一點,還有,不要作弊,請老實地寫:你只有這三行的空間可以寫。

_____

_____

_____

14 號學習單　我的宣傳廣告

擬寫你的宣傳廣告。這個廣告應該像真正的廣播廣告一樣有三十秒鐘長，不超過三十秒鐘，也可以短一點！就如同真正的廣播廣告一般，你想要藉由這個宣傳廣告：

— 使別人注意到你，

— 激勵他更深入地認識你，

— 使他有喜歡你在身旁的感覺。

_____

_____

_____

_____

_____

_____

_____

_____

_____

_____

15 號學習單 | 我的個人發展計畫

你一定已打好了立足的基礎。現在的重點是，確定你要如何做才能完全發揮你的潛力。撰寫你的個人發展計畫吧！

請根據短期、中期和長期排列你的目標，且將目標填寫在左邊那一欄。現在你確定你要如何達到你的目標，然後將要採取的措施填寫在右邊那一欄。

你要一直想著，你的目標必須和你的措施一樣聰明，這樣你才可以真的達到目標！

你可以盡情使用更多張紙來撰寫你的個人發展計畫！

Specific	（特定的）
Measurable	（可測量的）
Aligned	（適應的）
Realistic	（切合實際的）
Time-bound	（限定時間的）

短期目標	措施	

中期目標	措施	

長期目標	措施	

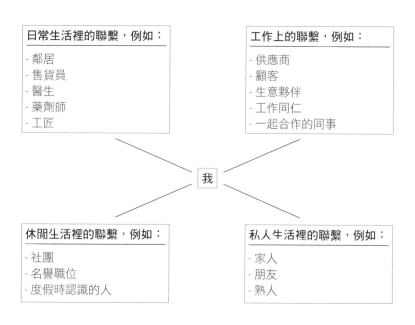

16 號學習單　我的人際網絡檢查表

日常生活裡的聯繫，例如：

- 鄰居
- 售貨員
- 醫生
- 藥劑師
- 工匠

工作上的聯繫，例如：

- 供應商
- 顧客
- 生意夥伴
- 工作同仁
- 一起合作的同事

我

休閒生活裡的聯繫，例如：

- 社團
- 名譽職位
- 度假時認識的人

私人生活裡的聯繫，例如：

- 家人
- 朋友
- 熟人

1. 名字：將你周遭人們的名字寫下來，將它們歸類到上面提到的人際網絡樹形圖裡。
2. 聯繫狀態：確定你多常和每個人聯繫。
3. 價值：定義這個聯絡人對你來說有多重要。
4. 時間花費：現在確定你維護這段聯繫需要花費多少時間。
5. 行動：你想要更常／更少看到這個人；和他有更多／更少的聯繫？你要怎麼做？

   從現在開始，你有規律地檢查你的人際網絡。